从起源到今天

46亿年的地球小史

约翰·H.布瑞德雷◎著

吴奕俊◎译

中国妇女出版社

前言

　　本书以文学的笔法介绍了地球46亿年来的形成、发展和演化过程，同时配以生动的图片，将深奥的地质理论和自然现象展示出来。书中呈现了神奇瑰丽的地球百态：浩瀚的宇宙、神奇的自然、蔚蓝的海洋、变化万千的气候、奇趣盎然的动物、生机勃勃的植物和奇妙的人类等。本书将人的历史、命运与地球联系起来，在展现大自然魅力的同时，也传播科学知识，传达人与自然和谐共生、相互依存的理念。

　　译完本书，犹如目睹了地球46亿年的演化历史。在这漫长的岁月中，地球经历了翻天覆地的变化。我们的确需要一本关于地球历史的书。本书集知识性、趣味性、科普性于一身，内容丰富多彩、生动异常，值得阅读与收藏。

　　需要说明的是，原版图书问世于若干年前，随着科技的进步和发展，当时的许多知识到了现代已多数有了更新，因此本书中出现的个别知识如与现在不符，仅代表过去的发展成果，请读者知悉。

最后，我要特别感谢暨南大学的严旨昱同学，在本书的翻译过程中他出力不少。当然，我还要感谢本书的编辑，没有他们，译稿也无法成书。

吴奕俊

2016 年 1 月于暨南大学外国语学院

目录 CONTENTS

第一章
恢宏大计

第二章
头顶的海洋

第三章
大地留痕

第四章
暗流涌动

第五章
冰师劲旅

第六章
贪婪的海洋

第七章
火神之怒

第八章
演变中的世界

第一章 恢宏大计

年复一年，在貌似死寂的星球上，冲突四起、矛盾更迭，留下了万物逆旅的痕迹。这些痕迹中，有些属于动物和植物，有些则属于它们脚下的泥土。

一、地球与生命的更迭

世界和平之梦牢牢地扎根于人们的心中，但对于造物主而言却无关紧要。他是建筑师，规划和建造了宇宙这个庞大的剧场；他也是导演，为剧场中的每一个演员安排各自的角色。更重要的是，他从一开始便制订了恢宏的计划——那个在纷乱中徐徐展开的地球历史——亿万年来从未发生过太大的变更。随着时间的流逝，关于生命的演出在地球的大舞台上幕起幕落，历经沧桑。但倘若因此便认定世界麻木不仁，那说明你没能看清真相。年复一年，在貌似死寂的星球上，冲突四起、矛盾更迭，留下了万物逆旅的痕迹。这些痕迹中，有些属于动物和植

🔅 繁星闪烁的银河系是太阳所在的星系，包括 1000 亿到 4000 亿颗恒星和大量的星团、星云，还有各种类型的星际气体和星际尘埃

物，有些则属于它们脚下的泥土。

通常，一个人很难对那些事不关己的纷争有所体会。当他转身凝视繁星满天的夜空，遥望地平线上绵延不绝的群山时，他的心中或许充满了宁静与祥和。诗人们时常被自己的内心世界抛弃，遂无休无止地吟唱着林间的寂静，吟唱着河流的平缓，吟唱着对自然世界无以复加的满足……殊不知，大自然同人类的灵魂一样多灾多难。人类能从烦闷的自然中得到启示，使自我的烦闷归于安宁，如此福分绝非理性之果，而是另有他因。

⬆ 布满历史年轮的菊石。菊石最早出现在古生代泥盆纪早期，消失于白垩纪末期

那些见多识广的人或许会以批判的眼光鄙夷这种自我陶醉，其实大可不必。人类的思维包含许多不同的层次，没有必要因为知晓了美好事物之下深层次的真相，就放弃对美好本身的感知和欣赏。人类生活这场演出不过是宇宙大舞台上短而又短的一幕。尽管这种认知不可避免地会挫伤人类一贯高傲的自尊，却依然包含些许有益的成分。至少，人们可以一次次地暂时忘却心中的重击，去选择聆听自然的悸动。

在人类发展的早期阶段，一些人已经逐步认识到，地球不仅仅是一片可供抚慰煎熬生活的怡人景色——它不能被草草定义为人类的栖息之所，也不只是一面用以映照人类自身情绪的明镜，而是一部用异国文字撰写而成的戏剧，时刻引诱着人们将其翻译成各自的语言。和自然界中的所有其他事物一样，地球也书写了自己的历史，并且，在无数"译者"的共同努力下，这部历史巨著的主题已经铺展开来。

当早期人类拨开笼罩内心的迷雾并着手探寻真相时，几乎没有一种想法能准确地阐明地球发展的来龙去脉。在公元前的数世纪间，学者们醉心于谨小慎微的自然观测，为大胆地提出各种有关世界的起源、历史和构造的假说而陶醉不已。东方和古希腊的哲学家们无疑是这些学者中的典范。他们提出了千奇百怪的宇宙演化学说，其中绝大多数源自虚构的神话故事与宗教传说。古希腊诗人赫西奥德的观点古老而独特，他认为，宇宙脱胎于一片原始的混沌，接着，天空铺展开来，继而高山耸起，海洋汇聚，最后才轮到诸神出场（略显姗姗来迟）。就连一向讲求实际的古罗马人也更倾向于以一种诗意而不是理性的方式来探索自然。公元 1 世纪，古罗马哲学家卢克莱修的学说风行一时，他认为地球内部存在一个空洞，洞内布满了在黑暗中奔流的江河、雄奇的峡谷、巨穴与山崖，以及一股股将火焰吹上地壳的狂风。学者们的想象常常富有戏剧性的矛盾与冲突，这似乎意味着早期人类必定无福消受真相。

无法否认，一些古老的观点确实在某种程度上与晚期的理论存在吻合之处。不同的是，前者带有猜测性，而后者则历经了数世纪缓慢而艰辛的探索和归纳。这样一来，当一位古代思想家不经意间言中的启示被现代科技所证实时，便会有人将他的成就归结于某种超自然的洞察力。这些人有意无意忽视的事实是，该思想家的其他假说大都荒诞不经。当幻想者在思绪的海洋中遨游时，偶然会在无意中登上真相的"沙洲"。然而一些人却对这种可能置之不理，他们沉湎于神秘主义带来的快感，乐于使思想的晴空遍布斑驳的阴云。

而诸如亚里士多德、斯特拉波❶、塞涅卡❷这样的伟人，其姓名之所以被镌刻在地球科学的历史长廊上而久不褪色，正在于他们孜孜以求，试图以一己之力描绘出地球发展的脉络。然而，他们的理论贡献一方面有所建树，一方面却零碎而分散，并且时常夹杂着神话与传说。实际上，尽管古典时代不乏有识之士，尽管思想自由曾长时间地免受教会和公共舆论的压制，那时的人们似乎依然不具备从事科学研究的品质。唯有在艰苦辛劳、枯燥无味的钻研中挣扎过后，人们才可能了解自然的真相，收获丰硕的果实。

❶ 斯特拉波（Strabo，约前 63—约 20），古希腊历史学家和地理学家，因著有 17 卷的《地理学》而享誉于世。

❷ 塞涅卡（Seneca，约前 4—后 65），古罗马斯多葛学派哲学家，著有《美狄亚》《俄狄浦斯》《阿伽门农》等 9 部作品。

文学和艺术可以凭借古典时代的宽松氛围而繁荣发展，科学的发展却必须一再等待，直到世人愿意为解开它的谜团而付出更多的汗水。

↑ 菊石化石纵切面

　　这个等待注定遥遥无期。罗马帝国的崩溃卷起阵阵阴云，战争、革命、迫害此起彼伏，学术研究在一个貌似文明的世界中一步步走向窒息的边缘。各种文化活动也日渐式微，只得黯然隐入修道院的高墙。科学借此觅得安身之所，却在数世纪间惨遭遗弃。然后，阿拉伯人来了。他们从厚厚的尘土中拾起昔日的荣光，使得早期学术免遭湮灭的命运。不仅如此，阿拉伯人还凭借着自己强烈的求知欲和刻苦的钻研，促进了古典

↓ 希腊神话中的宙斯和赫拉（雕塑作品）

→ 《斯巴达克的最后时刻》。在罗马共和国时期，斯巴达克曾爆发了一场角斗士起义

时代科学文化的发扬与传承。然而，他们大力发展了数学、天文学、医学和生物学，却唯独对地质科学漠不关心。地质科学的发展历经近千年的黯淡，直到文艺复兴时期才重获一线生机。待到它冲破陈腐的神学与种种荒诞臆测的坚壁时，19世纪已然来临。那时，人类终于隐约察觉到，地球的发展过程正是一部永恒法则的执行笔录；也只有在那时，人们才真正开始解出那些记载着时空轨迹的神秘文字。

二、地球的历史

　　终于，厄谢尔①主教的创世理论（他将《圣经》家谱体系暗示的日期累加起来一直追溯到亚当，得出地球是在公元前 4004 年 10 月 26 日上午 10 点准时创造出来的结论。）开始受到舆论的质疑。人们怀疑，他的计算之所以将地球历史的开篇定于公元前 4004 年，更多的是出于对宗教的虔敬，而非对真理的向往。17 世纪末，詹姆斯·赫顿②提出，对现实的、正在发生的地球历史的研究有助于理解地球的种种过往。自此，推算和证明地球的古老年岁便有了方向。人们很快发现，任何试图精确地以年为单位度量地球历史的做法，其荒谬性都不亚于用品脱计算太平洋的肚量。

　　无法历数，当年加利福尼亚一株株幼小的秧苗，究竟经历了多少年才成长为如今参天挺立的红杉林。然而，以地质年代的观点来看，即便是这些古老生命所经历的数千年的光阴都只不过是短短的一瞬，以至于无法在地球饱经沧桑的面庞上增添哪怕是一道不起眼的褶痕；图坦卡蒙古墓的发掘一度使人类为自己过去的辉煌文明而热血澎湃，而放眼地球历史的大背景，却不得不承认，图坦卡蒙只是一位现代君主，他和我们之间数十世纪的时间间隔诚然不足为道。

　　尽管从表面上看，地球的自然环境似乎平静而稳定，然而它作为太阳系中的一个独立星体，自诞生的那一刻起，其内部就激荡着各种猛烈的冲撞。这些冲撞大都波及甚广、持续不断，却也因为发生得十分缓慢而不易

---

① 厄谢尔（Ussher，1581—1656），阿尔马大主教。

② 詹姆斯·赫顿（James Hutton，1726—1797），英国著名地质学家，经典地质学的奠基者，地质学中"火成论"的创始人。著有《地球的理论》《农学原理》等。

被肉眼察觉。多年来，诗人们吟咏着亘古不变的山峦，赞美着大自然的永垂不朽。然而，随着地质科学的发展，人们很快就意识到，山峦并非亘古不变。总有一天，最巍峨的山峰也会崩碎、倒塌；或许在另一天，倾倒的峰峦又会重新隆起。而所有山脉的崩坏隆起，都只是发生在地质年代的时间碎片中罢了。山脉如此，其他的地理要素也是一样。我们今日的所见所闻，不同于昨日的过往，也不同于明日的种种。在这个世界上，没有什么是真正恒常不变的。

假设我们可以在 5000 年以后来到自己最爱的山间或是海边的度假胜地，地理的变迁依然是难以察觉的，顶多也就是那片饲养鳟鱼的小湖被沉积物淤死。我们也可能会注意到，原先在我们的海边小屋 800 米开外入海的溪流，那时已经改道在小屋边入海了。但如果屋子原先是建在低平宽阔的沙滩上，我们很可能就只能在距离海岸线 800 米外的水底找到它了。然而，在更为广阔的视野下，肉眼所能观察到的变化却微乎其微。尽管雨雪风霜千年来不知疲倦地侵蚀着岩层中的高地，但是山地的形态基本上不会发生显著的变化，海岸地貌的总体格局也会和

5000 年前大体相当。

如果我们把 5000 年换成 500 万年，情况就大不相同了。地球的沧桑巨变将足以使我们惊愕不已。山脉可能会被蚕食得只剩下一个小土堆，甚至被夷为平地，以至于昔日的壮丽无法留下任何遗迹可供凭吊。海洋则可能对陆地大举进犯，使土地惨遭淹溺。陆地上栖息着千奇百怪的动植物，水中的生物也与今天的大不相同。甚至当我们遇见自己的后代时，也会因为他们已经变异得过于离奇而质疑对方的物种类别。地球历史学的研究者们深知这些变化曾在历史上一次又一次地上演，因而也就没有理由否认变化将会在未来延续下去。

⊕ 发现于 1922 年的图坦卡蒙古墓

地球历史的开端，要从它获得大气层和原始海洋算起。海水的盐分是经由陆地上的河流入海而积累起来的。一开始几乎所有的海水都是淡的，于是，地质学家们尝试着通过测算河流对海洋盐分的贡献速率来计算海洋的寿命。早在 1715 年，埃德蒙·哈雷 ❶ 便提出了这种测算的可行性。然而，直到 1899 年，学者们才收集到足够的数据来进行实际的计算。在那一年，爱尔兰物理学家约翰·乔利 ❷ 将估算出的海水盐分总量除以估算出的年均河流盐分贡献量，从而计算出海洋的存在大约历经 9760 万年的历史跨度。其他科学家也提供了一些测算结果，其中大

---

❶ 埃德蒙·哈雷（Edmond Halley，1656—1742），英国第一个成功预测并解释彗星运动的天文学家。哈雷彗星即以其名字命名。
❷ 约翰·乔利（John Joly，1857—1933），爱尔兰物理学家，癌症治疗中放射治疗的奠基者。此外，他还发明了以同位素测定地质年代的新技术。

多数人都将海洋的成长历时定于1亿年左右。

即便是数以亿计的数据依然明显低估了现实。事实上，陆地的海拔比以前大多数时期都要高得多，河流进而也就更密集、更汹涌，并且搬运了更多从陆地上侵蚀而来的盐分。这意味着当下河流的盐分贡献速率过高，不能用来简单替换历史上的速率，依此推算出来的海洋寿命也一定被大大低估了。然而，要了解河流过去向海洋贡献盐分的速率则难上加难。

🌼 海葵——以水中的动物为生的肉食动物，其放射状的细长的触手伸展开来，在消化腔上方摆动不止，就像一朵朵盛开的葵花

再退一步说，就算海洋的现时寿命真的可以确定，在海洋形成前就存在的岩石圈的年龄也依然是个未知数。地球原先经由母体太阳的放射物质撞击汇聚而成，而迄今在人们可以探测到的所有地壳岩层中都没能留下有关地球形成时期的记载。所幸我们可以断定，地球的形成时期应早于任何可探测到的岩层所记载的地质时期，那些岩层在大气和液态水出现后才开始形成。天文学家普遍认为这个形成时期至少持续了大约5亿年。年以亿计足以使我们的想象备受冲击，却远远无法表达海洋的古老和庄严，至于它那高贵而神圣的基床，则踯躅在更为湮远的年代之中。

除了盐分，入海的河流还会从陆地运来大量的泥沙。每年，大量数以吨计的岩石圈沉积物都会在大河的入海口找到归宿。仅尼罗河每年就在其三角洲沉积约5000万吨的岩屑。然而，就算我们一辈子依河而居，也不会发现河谷有任何拓宽的迹象。河谷的确日渐拓宽，但由于拓宽的速度过慢，人在短短的一生中注定无法见证这一可观的变化。实际上，河流不仅会拓宽河

谷，最终还会使大面积的流域归于平地。以现在的侵蚀速度，密西西比河要在圣路易斯附近显著地带拓宽河谷，大约需要100万年；如果要夷平整个密西西比河流域，则需要长达数千万年的时间。已经有充分的证据表明，现在陆地上的许多平坦区域，正是由河流年复一年的侵蚀所形成的。这样一来，根据河流在地球上存在的时间

来推算，也可以证明地球的生日应该大大早于厄谢尔所认为的公元前 4004 年。

在地质演化的历史上，流水和其他侵蚀陆地的力量不仅仅将成堆的岩屑倾入大洋，也将沉积物保存在一些较浅的近陆海盆中，这些海盆上的海水年复一年地溶蚀着陆地。沉积物不断地堆积、压实、抬升，从而储存下来，形成沉积层。沉积层不断积累，其平均厚度如今已经超过 100 公里❶。然而，堆积作用的速率在地球各地差异甚迥，整个过程的时间十分漫长，以至于任何试图对这个时间做出精确推算的猜想都显得荒诞不经。

地质学家随即将目光转向山脉。大量证据表明，山脉形成和抬升的速度之慢异乎寻常。最有力的证明，便是那些横跨流域山脉而奔涌的河流，它们几乎每时每刻都以与山脉抬升相同的速度切割着山脉。哥伦比亚河就是其中的典型。尽管山脉逐年抬升，河流切割山脉而形成的谷道几乎与早先的河道毫无偏差。如今，哥伦比亚河自如地流过喀斯喀特山脉的中央，其雍

---

❶ 注：1 公里＝1 千米

弗雷泽河，加拿大不列颠哥伦比亚省中部大河。以1808年5月来此探险的西蒙·弗雷泽的姓命名。流域面积为23.3万平方公里，其中70%为海拔900米以上的高原。河长1368公里

→ 暴龙，也叫霸王龙，生活于白垩纪末期（6850万—6550万年前）

容大度一如山脉存在之前。我们知道，河流侵蚀河道的速度是十分缓慢的，因此不难推断出，这条不舍昼夜的河流所流经山脉的抬升过程也同样慢条斯理。在地球的历史上，无数巍峨的高山都曾经历耸起与跌落的轮回，我们无法精确地以年为单位确定其经历的时间跨度，但是我们知道，那时间一定很长很长，一直长到想象难以触及的地方。

过去，动植物的化石曾被视为恶魔创造的残次品。渐渐地，人们摒弃了这一成见，并从化石遗迹中获取了许多有关远古世界的信息。我们知道，今天的动植物和早先人类文献中所记载的动植物并没有什么显著差别。五千年、一万年、一万五千年过去，地球上的生物形态都不会发生明显的变化。然而，惊人的巨变确实曾经发生过。在人类之前，恐龙主宰着地球；而在恐龙之前，各种鱼类和低等海洋生物竞争着王者的地位。一个物种兴盛起来，便成为陆地和海洋的主宰，但这个物种很快便会灭亡，被其他物种所取代。我们甚至可以从现今发掘出的最古老的化石中，看到一丝血脉在一片未知而湮远的年代中消失无踪的模糊痕迹。所有这些事实都证明，地球是那样的古老，以至于短短的一年、一个世纪对它而言都显得微不足道。

霸王龙是已知的最著名的恐龙之一，可能是世界上已知的

最强的食肉动物。身长约 13 米，肩高约 5 米，平均体重约 9 吨，生活于白垩纪末期的马斯特里赫特阶最后的 300 万年，距今约 6850 万—6550 万年，是白垩纪—第三纪灭绝事件前最后的恐龙种群之一。其化石分布于北美洲的美国与加拿大西部。

为了获悉地球的年龄，人们提出了大约 40 种测算方法。其中大多数方法由于无法充分、精确地测算出一些地质记录中未能记载下来的时间间隔，从而导致了明显的误差。唯一能够精确判定地球年龄的方案，来自对物质元素放射性的研究。自然界中的某些元素，具有内部原子结构不稳定的特性，即会从一种元素变为另一种元素。比如铀，它随着放射性的衰变会逐渐转化为镭，最终转化为稳定的氦和铅。同时，在转化的过程中，元素不会受到外界的热力与压力的影响。迄今为止，科学家还没有发现任何可以干预这些元素的放射速率和转化方式的因素，它们遗世而独立，拒外界的纷扰于千里之外。

在实验室中，科学家们已经可以准确地测算出放射性元素的演化速率，并依此而计算出一块含有铀的岩石的年龄。只需

检测岩石中铀和铅的含量，再计算出产生现有的铅所需要耗费的时间，便有足够的数据可以估算出岩石标本的年龄。在当时的科技条件下，通过这种方法测算出的地质时期长达1.85亿年。如果再加上大约5亿年的地球"前宇宙时期"，我们就得到了一个重要的日期：公元前23.5亿年。虽然它远远不够精确，但较之过去，却已经是一个相对科学、合理的日期了。就在那时，地球脱胎于作为母体的太阳，一头扎进自己的纷扰岁月之中，而记载岁月的每一处留痕，都已深深地渗入它的骨髓。

三、宇宙的轨迹

在自然界中，论及哪些现象曾反复发生，不得不提人类的愚蠢行径。其实，整个宇宙都在一种周而复始的单调韵律中悸动着。时间是一片无垠的海洋，海面上的波浪虽然无时无刻不在翻腾波动，但波动的状态本身却从未改变。古代和中世纪的哲学家们一度提出世界是永恒变化状态的构想，但变化的表象之下所蕴含的恢宏计划却为世人所忽略。

人类最为憎恶的事物之一，便是变化。这也许能够解释为什么动植物进化论尽管被人甚早提及，却直到19世纪中叶，才凭借着思想家们的理性之光，如浓稠的墨汁一般从查理·罗伯特·达尔文的笔端艰难地渗出。如今，人们进一步发现，孕育了所有生物的自然环境，同样也不可避免地要经历那在生物物种间反复上演的兴衰轮回。

进化的观念已经在自然科学的各个分支中生根发芽。同时，进化观也包含了一个重要理念，即一切事物的进化，无论是原子、人类、行星还是恒星，都会沿着既定的轨迹发展。毋庸置疑，这些轨迹并非笔直地延伸，而是时时呈现

● 《物种起源》。是查理·罗伯特·达尔文 (Charles Robert Darwin,1809—1882) 论述生物进化论的重要著作，出版于1859年

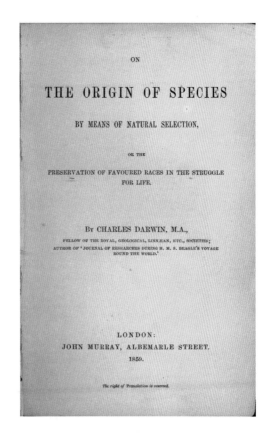

ON

THE ORIGIN OF SPECIES

BY MEANS OF NATURAL SELECTION,

OR THE

PRESERVATION OF FAVOURED RACES IN THE STRUGGLE
FOR LIFE.

BY CHARLES DARWIN, M.A.,
FELLOW OF THE ROYAL, GEOLOGICAL, LINNÆAN, ETC., SOCIETIES;
AUTHOR OF 'JOURNAL OF RESEARCHES DURING H. M. S. BEAGLE'S VOYAGE
ROUND THE WORLD.'

LONDON:
JOHN MURRAY, ALBEMARLE STREET.
1859.

The right of Translation is reserved.

↑ 火山喷发后形成的角砾岩。也是一种碎屑岩，经过搬运、沉积、压实、胶结形成

出曲折的状态，甚至在某些情形下呈现出循环往复的形态。这种描述外延广泛且内涵丰富，我们可以把它视为对现代进化思想的一个极其精练的概括。

古罗马的历史学家塔西佗曾发表高见：所有的事物中都蕴含着循环的法则。然而，他所说的循环，无非是一些显而易见的现象，譬如白天与黑夜、酷暑与寒冬，或是生与死。现代科学则发现了全新的证据，从而得以论证出，物质和能量都无法突破循环的框架。许多天文学家认为，恒星的颜色可以指示其不同的温度状况，每颗在天空中闪耀的星星都处于其温度循环变化的某一个阶段。研究表明，恒星脱胎于一个相对寒冷的发散星云。借由万有引力，一些粒子会紧紧地吸附在恒星周围，直至年幼的恒星表面闪耀出红色的光芒。红色逐渐变为黄色，到了成年期，星体就会发出蓝白色的幽光。接着，等到热量消耗殆尽，星星就会逐渐呈现出与之前相反的变色方向，从而进入老年期。而老年期的状态在许多方面又与幼年期十分类似。

利用分光仪进行观测时不难发现，星体的颜色与其化学组成之间存在着异常紧密的联系。这意味着，星体构成元素的演化与星体自身的演化似有齐头并进之势。而对放射性元素衰变过程的研究成果恰能佐证这一论断。

与其他星体的情形类似，许多塑造地球的过程也都曾在不知疲倦的重复工作中徒然度日。地球历史的循环往复，在漫无尽头的时间长河中，注定是一场无休止的戏剧性冲撞的循环起伏。这些循环并非漫无目的，而是冥冥之中遵从着一个不为人知的伟大战略。与此相比，人类命运的跌宕起伏则不值一提。

地球内部激烈冲撞的本质在于岩石圈内部物质的循环变化。毫无疑问，最原始的岩石是由一些类似火山岩浆的流体凝结而成的，它们被新岩层所覆盖，没能留下痕迹。所幸的是，在人们发现的地点不同、年代各异的岩石中，某些样本的结构与上述岩石十分类似——那是所有类型的岩石的祖先。这种岩石中存在着地球上所能找到的全部九十几种元素，它们是地球上最原始，也最复杂的岩石。

原始的岩浆岩暴露在地表，不可避免会遭遇一系列物理侵蚀。这支令人望而生畏的侵蚀军团拥兵甚众，霜雪、风、冰川和流水各显神通。化学侵蚀也不甘示弱。相比物理的外部侵蚀，它从内部瓦解岩石的力量更易使其崩坏。没有什么岩石可以长久地经受这样的摧残。地质侵蚀的力量从不知失败为何物。

四分五裂的岩浆岩在世界各地安家落户，分布极为广泛。一些岩石成为松软的泥土和沙砾，它们覆在大陆雏形的骨架上，在陆地表面找到栖身之所；另一些岩石则被地下水和河流溶解、冲散，以泥沙和碎石的形式搬运到湖盆和海盆的底部。在搬运的过程中，依据重量和体积的差异，组成岩石的矿物和粒子被重新分配，即流水从轻的岩屑中分选出重的岩屑，从光滑的岩屑中分选出粗糙的岩屑。这样最终形成的某个区域中的沉积物常常由明确的、分选完成的岩屑所组成。岩屑越积越多，最终被压实，就会形成一种结构比较简单的沉积岩。这样的沉积岩在地球表面随处可见。

❶ 沉积岩，旧称水成岩，是组成地球岩石圈的三种主要岩石之一（另外两种是岩浆岩和变质岩）。在地球表面，有70%的岩石是沉积岩，石灰岩、砂岩和页岩等都属于沉积岩。沉积岩中所含有的矿产，占世界全部矿产蕴藏量的80%

然而，从复杂的岩浆岩到简单的沉积岩，似乎并不是大自然希望看到的结果。大自然厌倦了简单。它将岩浆倾倒在地表松散的黏土和沙砾上，使岩石中的粒子相互融合，

↑ 石英石——变质岩的一种

从而产生新的化合物；它令炙热的熔岩渗进沉积层的缝隙，那热度足以使岩石再度结晶；它使岩层表面扭曲变形，从而深刻地改变了所有相关物质的形态。在这个过程中，变质岩就从既有的岩层中脱胎而出。剧烈的变质作用摧毁了沉积层典型的简单构造。

变质作用的结晶过程与岩浆岩从原始岩浆中诞生的过程基本相似。处在高温高压的变质状态下的沉积岩，通常会被充分地转化为与岩浆岩十分类似的形态。这样一来，岩石圈演化的循环终于宣告完成。经历了几番变化，整个岩石圈又回归其最初的形态。在近20亿年的历史中，这场循环往复的剧目一再上演，它始于地球获得大气层的那一刹，也将终于大气消失的节点——抑或是，终于一场曾经创造了整个太阳系、也足以毁灭整个太阳系的灾难。

四、地貌的演变

　　与岩石圈相似，地表形态也处在不断循环演化的状态之中。"侵蚀循环"这一概念，或许正是美国的地理学家们对地球科学的发展所做出的最骄人的贡献。长久以来，人们已经知道河流会改变地表形态。但随着时间逐渐步入当代，科学家发现，某一地区持续不间断的河流运动，不仅会改变地貌，还会导致地貌发生循环往复的演变。

　　和人的成长一样，河流的成长也历经不同的发展阶段：从幼年期到青年期，从成熟步向衰老。幼年期的河流流程短、地势陡，它流淌着，穿越和侵蚀着一个个同样稚气的溪谷和山涧。就这样，河谷逐渐变得越来越长、越来越宽、越来越深，直到河流走到青年期的节点。青年期的河谷之间，分水岭十分宽阔，河谷本身却显得狭窄许多。在这个阶段，河流奔腾汹涌，瀑布和激流间或可见。流域内的地形亦处于青年期，而在河流步入晚年之前，这些地形地貌注定会发生深刻的改变。到了成熟期，河流的长度变得更长，坡度变得更平缓，河谷也变得更宽阔。支流不断汇聚、不断增加，在流域内形成一个密集的树状分支结构。整个流域的地貌原先是平坦的高地，如今被切割出许多犬牙交错的峰峦和脊脉。随着时间的推移，河流的坡度越来越接近水平。此时，低矮的分水岭间错落着宽阔的河谷，河水慵懒地蜿蜒在平坦的土地上——河流和它的流域正在安享晚年。

　　与人类相同，从嗷嗷待哺到老态龙钟的循环过程，并没有使河流和流域在垂垂老矣后完全回归年轻的起点。尽管整个循环不尽完美，一度被河流塑造过的古老岩层依然会使人联想到全新流域的样貌。同样的光滑，同样的平坦，同样稀少的干流，同样的内流湖泊和沼泽点缀其间。两者是那么的相似。

在生命的循环中，死亡与晚年接踵而至的常理从未改变。侵蚀循环则不同。河流也许可以不断地侵蚀地表，等到陆地的海拔降到海平面以下，海水就会漫上海岸，淹没大陆。然而，在那之前，河流就已经失去了侵蚀和搬运的力量。相反，它们倏然倒戈，毫不犹豫地去为那片它们长久以来倾力毁灭的土地添砖加瓦。

实际上，没有哪块区域在经历从幼年到晚年的循环中是完全循规蹈矩、一成不变的。地质运动会持续地改变河谷的坡度，从而扰乱循环。一些河流会因为地势重新变得陡峻而恢复生命力，另一些河流则会因地势突然变平而提早步入老年期。然而，尽管世上鲜有完美的循环，尽管一些环节会被无端重复，一些环节会被无故抹去，整个循环顺序的趋势依然是存在的。从高地流向海洋的液态水出现的那一刻，一直到今天，循环从未间断。

除了岩石圈的物质和地表形态，那些深埋于地球内部，并且操控着地球历史进程的地理要素，似乎同样遵从着循环演化的模式。很多曾经平坦、连续的地质构造，如今变得破碎、断

⊙ 地表在海浪、径流的作用下受到的侵蚀

裂。即使人们在观测地理现象时极不严谨，也会发现其中的端倪。科学家对阿尔卑斯山的岩层进行了测量，发现地球的周长在此处缩短了160多公里。在许多其他地方，地球的周长更是大大缩短。可以推断，地球的直径一定也发生了相应的收缩。

　　以上证据表明，随着时间的推移，地球正在日渐萎缩。多年来，学界普遍认可的解释是"冷却说"。该学说认为，冷却引起了地球内部组成物质的收缩。然而，现在看来，单单只是冷却似乎并不能解释如此大的收缩程度。此外，地球是否真的处于冷却的状态也难以确知。随着放射性物质逐步深入科学的视野，一些科学家认为，放射性元素衰变所供给地球的热量实际上远远超出地球自身对外辐射所释放的热量。综上所述，在科学知识不断完善的今天，学者们不得不将目光转向压强。或许，地球内部的巨大压强才是收缩现象产生的主因。在高压环境下，构成地球内部物质的分子会进行重组，从而生成一些密度更大、体积更小的化合物。这样一来，随着时间的推移，整个地球也就逐渐收缩，变得越发紧实。

　　然而，地球并不甘心屈服于压强的"淫威"。对地震波的研

⬆ 褶皱山，位于伊朗西部的扎格罗斯山脉

究表明，整个地球的物理构造实际上处于一种富有弹性的稳定状态中，由此产生的弹力会部分抵消那些试图压缩地球的压力。然而，这股压力凭借强大的实力和矢志不渝的品质，时常克服地球固有的弹性，从而使其表面变得褶皱不平。在时间的长河中，两种力量或抵死相抗，或互相妥协，如此轮回更替。地表结构便以这样一种近乎野蛮的方式，在循环之中不断变化和演进。认识了这种循环，也就把握了划分不同地质年代的要领。事实上，由压缩地球的力量所引发的每一次全球性的地壳大变动，都意味着一个全新时代的开始。而那些相对不那么剧烈和广泛的地壳变动，则可以用来确认一些更为细分的年代界限。

地表循环与地球内部物质循环相互贯通，产生了一种大循环。大循环常常得不到应有的关注，原因似乎在于它的内涵是其他所有循环的总和。侵蚀作用的目标是夷平陆地、填平海洋，以消除地表不规则的形态。而运动却时常制造褶皱山，抬升那些久经侵蚀的岩层，从而使前者的努力功亏一篑。地球的历史变成了两者竞赛的舞台，胜利的钟摆时左时右，胜负却难以定夺。

地球屈服于内部的收缩力，仅仅是间歇性的偶发事件，这就留给侵蚀作用以足够漫长的时间间隔去追求和完成它强毁强拆的使命。降水、河流、风和冰川会一点点地将高地的岩屑搬运到低洼地区，日渐扩张的海洋也会一步步地向大陆推进。如果这个过程可以畅通无阻地达到理想的结果，地球就会变成一个外表近乎完美的球体，全球的海洋就会吞噬所有的陆地。然而，在那发生之前，地质运动注定会创造出新的起伏不平的高地，哪怕那创造只是为了迎来下一次的毁灭。

五、地球的命运

这全球最为波澜壮阔的冲撞起伏，已经持续了将近20亿年。它开始后不知多少世代，生命的帷幕才缓缓拉开。而在帷幕落下之后，它注定要再度经历漫长的世代，才会走向消亡。生命的剧目是一场特别的演出，却依然容易淡出历史的记忆。尽管如此，万物的生命仍是一股股相互冲撞的力量，它们跨越时空，在地球上留下逆旅的痕迹；它们神秘地从土壤中脱胎而出，历经世代沧桑，将生活的故事延续到今天。生命和地球的命运，原本就是一体的。

达尔文主义者倡导的生物演化观，着重于强调新物种的产生。而传统观点认为，在新物种产生的过程中毫无变异可言。这种冲突导致前者时常忽视传统观点的可取之处。生命一直在重复着枯燥无味的工作：觅食、生长、繁殖和死亡。这不仅针对动植物个体，对于该个体所属的整个物种来说也同样如此。这便是恩斯特·海克尔❶等生物学者一直倡导的观点。即个体生物的早期成长过程，本质上就是该个体所属的生物群的进化历程。用赫胥黎的话来说，世上的生命，无一不攀爬在其族群的生命树上。这种浅显易懂的准则，学术上称之为"重演律"，它深刻蕴含在现代生物科学的理念之中。

一个布满尘埃的蜗牛壳，便能忠实地记录下生命的辗转变迁。在整个

---

❶ 恩斯特·海克尔（Ernst Haeckel，1834—1919），德国博物学家，达尔文进化论的支持者。其主要著作有《生物体普通形态学》等，他在《生物体普通形态学》中以"系统树"的方式，演示了各类物种的进化和血缘关系，为后人一直沿用。

外壳螺旋的最中间，有一片精致的、微小的软壳，正是它最先在风雨飘摇的世界里，为这只弱小的软体动物撑起一片晴空。随着贝壳不断向外延伸，青春的故事也不断延续：一次被突袭的遭遇化作一块挥之不去的伤疤，一段艰苦的岁月沉淀下一道密集的螺纹。再往外圈细数，便是完全成熟的外壳，上面布满花哨的斑块和凸起的棱脊，那是软体动物求偶的骄傲。最后，当这个外壳步入晚年，接踵而至的空洞侵蚀螺圈的外层，一切又回到它幼小时的模样。然而，和所有的"二度童年"一样，外壳晚年的境况不免显得有些衰颓。一只蜗牛就是这样一步一步地将生命的自传镌刻在自己的骨骼之上。

与蜗牛相似，许许多多的甲壳动物不仅书写了自己的传记，也书写了它们族群的传记。以鹦鹉螺为例，这种古老的水生动物如今能奋力地撕碎渔人的丝网，却也不过是从古生代的辉煌中所留存下的最后的光影。当鹦鹉螺出现的时候，它的壳是一

↑ 从地下发掘的残存恐龙骨头

个直挺挺的圆锥形。渐渐地，壳逐步进化，伸长了好几十厘米。那时，鹦鹉螺驰骋大洋，甚至没有哪一个海湾能超出它的势力范围。随着时间一点点过去，它的壳开始变得弯曲起来，从一开始的近乎弓形到一个不标准的圆形，接着

越来越圆，最后进化出比较完美的圆弧螺旋——内圈的螺旋完全被包在外圈的螺旋中。在从卵到成年的发育过程中，鹦鹉螺的每一种发育形态，都对应着其在某一特定时代的祖先的成熟状态。当我们一圈圈地拨开鹦鹉螺的壳，尘封的历史便被一页页地翻出来。那不仅是我们手中的小小生命的历史，也是整个鹦鹉螺种族的历史。每一只存活的鹦鹉螺都用自己的生命写下了一段种族的传记，那是一篇悲壮的墓志铭，它记载了太古时期的荣光，也昭示了其终将灭绝的宿命。

对于脊椎动物而言，也许是因为在生长发育的过程中骨骼结构会发生较大的变化，它们的成长过程并不像甲壳动物一样，能完全刻画出其种族的进化历程。然而，还是有相当一部分脊椎动物能部分地反映出其种族的历史。以人类为例，其早期发育过程的背后，便隐藏着漫长的故事。兴许有一天，人类真的能拒兽性于千里之外，但人的肉体依然只是动物的躯体。人类是有胎盘的哺乳动物，这一点和马、象、牛、猫、鲸、河狸及类人猿等物种没有任何差别。和这些物种一样，人类通过哺乳培育后代，拥有一根脊椎、一腔热血、一身毛发、两块分离的胸腔及肚脐上的小小洞眼。此外，人类的胚胎在诞生四周之后便会发育出一条尾巴。那尾巴又宽又扁，不像是哺乳动物的尾

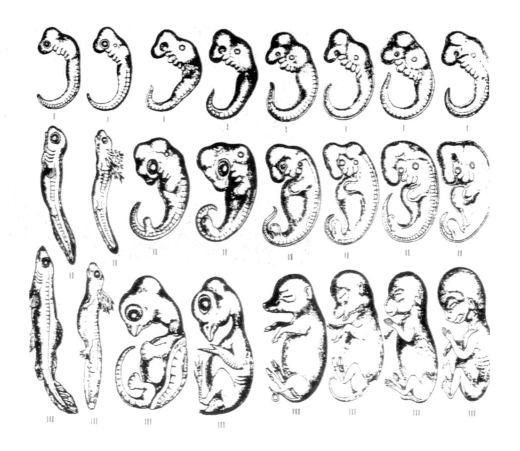

① 胚胎展现的生物进化史。海克尔于1866年在其《生物体普通形态学》一书中提出了生物发生律（或称重演律）："生物发展史可分为相互联系的两个部分，即个体发育和系统发育，即个体的发育历史和同一起源的生物群的发育历史，个体发育史是系统发育史的简单而迅速的重演。"

巴，倒与鱼类的尾巴非常相似；胚胎发育出的咽喉两侧各有四条小小的裂缝，血管和神经遍布其中，这又和某些鱼类的头部特征十分接近；心脏仅由一个心房和一个心室组成；泌尿系统和消化系统共用一个废物储存区，也共用一条排泄道。人类胚胎与鱼类的相似点数不胜数，生物学家甚至以此构想出人类的祖先用鳍在水中漫游的画面。在论证"人类物种起源于其他动物的进化"这一观点上，一个人自身胚胎的发展经历，无论在他登赴极乐世界多久以后，都比他生前滔滔不绝的雄辩更为掷地有声。

任何生物的种族历史显然都拥有比其个体更长、更复杂的阶段性链条，即使后者是像人一样复杂的个体也是如此。自然，所有在百万年间发生的事件不可能在一段短短的生命中便被总结。种族的历史时常被歪曲，因为那历史在一个快速生长的个体中重塑的速度实在太快。在这期间，许多阶段会被省略，另一些则因为近期的适应调整而发生改变，以至于生命历史不能给予种族历史一幅真实的画面——虽然数以千计的动物和植物的确在个体生命中总结了它们进化的主要事件。

　　与重演律相提并论的另一条规律也十分明显，却没能得到应有的重视。它告诉我们个体后半生的生命发展可以预示整个种族的宿命。如果你是一个古生物学家，你就能凭借对更久远的历史的窥探，发现个体所经历的成熟、衰老和消亡，对于种族而言同样不可避免。你会在繁杂的化石记录中看见生物往常的兴衰起伏及它们的反复无常。你会发现生物种族和个体之间的最大区别，便是种族的循环演进十分漫长，而个体的轮回却转瞬即逝。遗憾的是，这项区别并没有太大的实际意义。

　　借由种种途径，自然界对整个宇宙发出了它绝对权威的命令——尘土必须回归于尘土。于是，一贯最执着于自由之梦的人类，便生存在一个轮回旋转的世界当中。在这个世界里，星体和原子，生命的种族与个体，鼠类与人类都必须在一个永无止境的循环中重复着它们乏善可陈的宿命。而自然对能量流转的唯一犒赏，只是这样一个情节和结局：万物都必将回到原点。

　　人类的梦想之所以包含着巨大的缺陷，原因就在于人类是动物，同样要遵从那统辖所有血肉之躯的自然法则。和其他动物一样，人类也要在其种族的生命树上攀爬，无论这在人类看来是否具有意义，攀爬始终都是他的宿命。人类该如何才能坚守自己在自然界中的位置？需要怎样强大的心灵才能为自己的梦想增添一砖半瓦？是否有机会缓缓地向生命树的下方挪动，去躲闪那觊觎着他的死亡？

六、生命的代价

对于过往之事，我们唯一能做的，只有苦苦钻研，以期预测未来。然而，这样的钻研似乎毫无希望。过往的岁月像一块墓地，一层一层地深埋着被遗忘的生物的骸骨。那些曾盛极一时、统领世界的种族，都不可避免地接连向湮灭走去。生命的追随者数不胜数，却只有极少数能延续至今。单细胞的动植物在今天依然大量存在，其形态从古至今并未发生太大变化。一些甲壳动物、鱼和爬行动物也是现代世界里的活化石，它们存在的时间比其他任何动物都长得多。然而，这些生物都不过是例外。绝大多数情况下，生命的代价都是死亡。

那些长久地逃离了消亡命运的种族，都是与世无争的隐者。在充满激烈竞争的生命舞台上，它们黯然地缩在不起眼的角落里，选择一种长久存续而非丰富多彩的生命。然而，这些相对意义上的永生者所付出的代价也许更甚于死亡。它们几乎一致是原始的、退化的。要么停滞着生存，要么进化着死亡，大自然没有为生命提供第三条道路。

如果把时间扩展到永恒的范围，几乎所有的种族都是竞争中

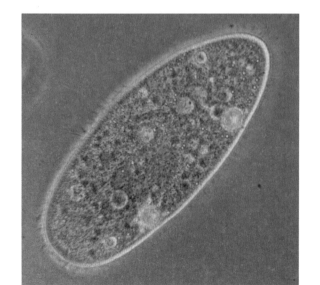

⬇ 草履虫

的失败者。一个种族对一种环境越适应，环境发生改变时这个种族的消亡也就越迅速。尽管一个伟大种族的内在活力也许会独立于种种外部变迁而代代相传，消亡的终局依然在所难免。

人类脱胎于一个失去了活力的种族。当人类的近亲在非洲和东方的热带雨林里叽叽喳喳地发表其对天鹅歌声的真知灼见时，人类自身已经失去许多天赋的体格优势。人的视力早已没有昔日那么清晰，他的耳朵也无法进行敏锐的听辨，他的鼻子不过是面部的一块突起，他的双手变得孱弱，他的牙齿与其说是武器倒不如说是残疾，他端正的体态为生育增添了无端的痛苦。先前不可或缺的阑尾退化成了一个既不实用也不美观的古董。除去脑部的完善，人类与其他追逐生物界领袖地位的种族相比，卑微得就如一堆动物器官的简单聚合。

人类的这些器官得以在一段时间内维持其聚合，人类自身得以维持生存，还有赖于科学的进步。然而，每一个人类个体依然无法规避那在生命树下撕裂开来的深渊。从深渊最黑暗的深处走出来的人类，终究会回归其中。尽管如此，他的聪明才智还是会削弱那使他摇摇欲坠的引力。战争和疾病频频上演，人类的增长数量依然超过了其他所有的哺乳动物。他给予婴孩——这星球上最娇嫩柔弱的生命——以无微不至的关怀，使他们的存活率高于世上一切生物的后代。他总是能找到水草丰美的栖息地，不断地迁徙和定居。死亡随时会吞噬一个境地相对窘迫的种族，人类却能以其不可比拟的发现与创造的力量，去阻碍死亡的前进道路。不过，人类的躯体中依然隐藏着溃败的因素。当时间的车轴碾过世间万物，他的身体将无法避免每况愈下的境地。最终，消亡的宿命会降临在每一具血肉之躯上。

尽管如此，人类演化的轮回还是有别于先前出现的其他生物。与三叶虫和恐龙主宰生物界的时期相比，人类的时代确实微不足道。然而，前者在其鼎盛时期固然所向披靡，却对那些早已写入其命运中的死刑判决无能为力。它们享受过超群的尊荣，也经历过灭绝的屈辱，却无法意识到这两种命运的存在，更不用说改变其中任何一种的进程。时光荏苒，命运之风从未改变吹拂的方向，但人类却成了第一个聪明的水手。他有一把舵，用以掌控生命的航向；他也有足够的智慧，以便知晓掌舵的方法。尽管当冒

⬆ 澳大利亚的一种
淡水鳄鱼。鳄鱼是
世界上最古老的爬
行动物之一

险结束时，他也会搁浅在相同的沙滩上，但那伟大的航行已然
彰显了前所未有的美丽和尊严。

　　人类的希望应托付于一个器官，一个在人类之前曾在无数
的生物头部运行的器官，它就是大脑。大脑的智力随着生物演
化而不断增长，终于在人类中拥有了自我意识。低等动物常常
是自身本能的受害者。它们盲目地追随本能，无论其指引的前
景是安全还是死亡。人类不能幸免于那份从生物血脉中承袭下

来的冲动，却可以仔细审视并合理控制自己的本能。凭着发达的大脑，他可以做到其他生物都无法做到的事：在湮远的年代中，他便可以和今天一样，运用大脑的智慧与自然共同协作塑造自己的命运。令人高兴的是，古今的一致性表明：托生物史演进之福，人脑已经发育到了大脑智力的极限。人类最大的希望，不在于发掘更多的实用的设备，而在于在已有工具中延伸出更多的用途；不在于演化出更强有力的体格，而在于强化自己的精神和心智。

大自然曾赋予人类以必要的能力，助其开展一段全新的生存冒险。自卫和繁殖这两项本能，很久以前便是人类与生俱来的属性。没有它们，用不了一个世纪，人类的种族便会从世上消失无踪。但如果前者会导致战争，后者会引发淫乱，并不意味着这些本能十分邪恶，只是因为人类没能控制好自己天赋的能力。

亲体本能在神经系统发育历程的晚期才出现，它以最佳的形态出现在人类行为中。尽管这种本能时而会绑架母亲的自由、压抑孩子的天性，但它对于一种能体察到爱、美和真理的生物而言，依然可以守护那些使生活充满意义的价值观；集群本能是人类所获得的最后一项基本天性，它有时会抹杀差异化，却是塑造人类文明不可或缺的基石。

无人知晓人类将运用其才智将自己的生命塑造到何等地步。他是最为现代的，也是最为伟大的生命（如果我们接受人类对自己的评价的话）。凭借着一项得天独厚的优势，人类欣喜地将自己与自然界的其他事物区分开

来，优越之感溢于言表。然而，在自鸣得意的宣告背后，在人类琳琅满目的成就背后，永恒的是不可阻挡的循环演进的力量。人类有幸能窥得那力量的一隅，通过顺应力量做出一些适应性的调整，却无法控制这股力量。人类的生命从来都是，也只能是宇宙活动的一个小小的侧面。

　　宇宙就是一台巨型的机械，地球历史和人类历史是这台机械中相互咬合的齿轮，它们遵从着共同进退的演化规律。人类所唱出的歌谣、绘出的图画、制造的社会和物理的设施与发动的战争——所有使人类成为人类的事物，以及一切挣扎在希望

⬆ 三叶虫化石。三叶虫是具有代表性的远古动物，在距今5.6亿年的寒武纪就已出现，5亿—4.3亿年前发展到高峰，于2.4亿年前的二叠纪完全灭绝，前后在地球上生存了约3亿年，可见这是一类生命力极强的生物

与绝望的混沌中预示着人类将要向何方演进的事物，都不可避免地取决于地球的发展状况。了解这种关系，是一个人把握人生哲学的首要条件。

倘若真的存在某种超自然的意识将地球的故事记载下来，有关人类的那部分记载很可能只是一个不起眼的脚注。然而，人类——那比任何其他事物都更吸引人类的生物——倒置了事实的本末，结果，恢宏庞大的地球历史反倒变成了脚注，或者仅仅被看作对人类历史的背景记叙。相应地，以下译写的地球自传，也将不可避免地犯下译者和读者们最热衷的错误。地质力量的宏伟激荡不仅会被描绘成一出自导自演的独幕剧，亦可被视为一座形制宽阔的剧场，而人类，正是那剧场中的主演。

第二章

头顶的海洋

在大气的包围下，无论是人类还是鼠类，无论是有机的生命还是无机的岩石，都在各自的命运轨迹上前行。

一、月球上的平原

⬇ 近距离拍摄的月球表面，到处都崎岖不平，布满了各种石头

倘要找寻一片洁净的土地，令其远离自然侵蚀与地质抬升的纷争，人们在当下或许会想到使用数米长的天文望远镜或者爱因斯坦的假说进行估测。事实上，那片净土远远没有想象的遥远。在那里，由于缺少大气的孕育，侵蚀之力无从谈起。远古时代地质抬升的留痕依然清晰可见。然而，可以确信，地下深处的岩层与土地的表面一样波澜不惊。科学的鹰眼四处探寻，却无法找到一片更加沉寂的土地。这里是月球，这里的舞台没有戏剧上演。

一些天文学家相信，他们在月球表面观测到了些许低等植物，以及降雪留下的短暂痕迹。倘若能确认以上观测现象中的任何一项，便可以证

明月球大气的存在。与此同时，
另一些天文学家并没有观测到这
些痕迹。尽管如此，所有天文学
家都能确知的是，地球上那些由
大气驱动的力量并未涉足月球，
月表景观的主要特征也已证明空
气尚未存在于上。

当我们从望远镜中窥望满月
的盛景，"月中仙子"的肤色便
会憾失平日的靓丽。《格列佛游
记》中，大人国主妇的脸上布满
了雀斑。如今人们发现，"月中
仙子"的面容也一样惨遭破坏。大大小小的坑口不仅落在"仙
子"的脸上，也落在月球的每一个角落，直让人想起扩散开来
的天花，悉数有数十万之多。现代人普遍认为，这些坑口是死
火山的火山口，就连许多科学家也坚信这种假说。然而，即便
火山口的假说成立，月球上的火山口也与地球上的火山口差别
迥异。后者普遍窄小、深邃，前者则显得宽大、粗浅。另一些
天文学家则持不同观点。他们认为月球曾一度被笼罩在一片灼
热之中，那时，纵横流淌的岩浆泛起充盈着火山灰的液泡，液
泡四处爆裂，便形成了大大小小的坑口。此外，更多的天文学
家将凹凸不平的地表归功于陨石和小行星的撞击——它们在地
表凝结脆化之前抵达月球，并且引发一场场爆炸。

上述观点究竟孰是孰非，似乎已经无关紧要。月球上的大
小坑口默然伫立，不知已经过了多少年。不会有风和流水磨平
它们的棱角，那坚持不懈地侵扰地球表面的脱胎于大气的掠食
者却无法在月球的一座座环形山上留下一鳞半爪的痕迹。它们
孤单地绵延着，轮廓是那样清晰，正如它们黑黢黢的影子一样
茕茕孑立。而在地球上，阳光会被大气层散射、弱化，地面上

⬆ 月球表面布满了
陨石坑和大大小小
的山丘

① 第谷环形山是月球表面著名的环形山之一，位于月球南部的山岳地带，是人们观测最多的环形山之一，直径约 85 公里

的影子也因而变得稀疏散乱了。

在月球上，液态水无迹可寻。过去，人们曾将月表一些宽大平坦的区域误认为是海洋。其实，那些只是巨大的平原罢了。在一片片平原的边缘，耸立着名为阿尔卑斯、亚平宁、高加索和喀尔巴阡的绵绵山脉，以及它们嶙峋的尖峰。这些山脉与地球上的山脉相比，除了名字相同，几乎没有其他共通之处。它们不会遭受霜雪的侵袭，也没有冰川和激流去抚平它们的坡度。粗粗看去，它们就像岩浆的喷流，凝固在爆发的一瞬间。月球上的许多山脉都高至 8 公里。在地球上，能达到如此高海拔的山脉屈指可数，而具有如此陡峭形态的山脉根本无迹可寻。

人类一直梦想着开拓这片荒芜的疆土，还开发出了控制体内压强的技术，以避免压强差引起的组织爆裂；他们也解决了氧气运输的问题，避免窒息。然而，沟通上的障碍还是难以处理——声音无法在真空中传播。在月球上，小至人类的发声，大至火山爆发的咆哮，通通没有存在的可能。月球上也没有可以散射阳光的灰尘和水汽。于是，天空会是最深沉的墨黑色，星星昼夜不息地闪烁，亮晃晃的却不会眨眼。破晓和日落骤然而至，不再有黄昏时刻的美丽间隙。太阳则会尽情地闪耀着它的华彩，日冕每天都可以被观测到，而这在地球上可是仅在日全食之时才能窥见的景观。

　　经历了 14 个地球天的夜晚后，月球上的气温会下降到零下 232 摄氏度。在相似时间的昼长中，光照和热量会毫无遮拦。但在地表气温升高，变得足够怡人之前，热量也会以地面逆辐射的形式反射回去。月球上的气候算不上特别严酷。如果一位来自地球的访客能够经受住气温的昼夜变化，他至少不会遭受暴风雨的侵袭。正因为没有大气层，月球才得以幸免于大气波动的侵扰。

　　月球和地球间之所以存在着天壤之别，就在于后者隐蔽在大气下，而前者则一丝不挂地裸露在宇宙中。被我们称为大气的这件外衣包裹着地球，就像橘子皮包裹着晶莹剔透的橘肉。大气对地球的历史意义，正在于其是地球自身构造不可或缺的组成部分。历经世代沧桑，自然界的种种纷争因大气而起，也正因为这些纷争，地球才成其为地球。

　　在大气的包围下，无论是人类还是鼠类，无论是有机的生命还是无机的岩石，都在各自的命运轨迹上前行着。与液态水的海洋一样，大气的"海洋"受热不均。这是因为气温在很大程度上是受地温影响的，而随着季节的变更，地温从赤道至两极皆发生不均匀的变动。由于空气的质量和压强会随着气温的变化而变化，地温不同的地方便会形成强烈的气压差，从而在近地面产生气流。此外，水蒸汽也成为一个影响因素。它的密度比空气小，无论在哪里成云致雨，都会进一步扰乱各地的气压平衡，一些大气运

⊙ 月食期间观测到的微微泛红的月球

动也就应运而生；地质层面的各种循环演化也强化了大气的骚动。通过这些与洋流运动类似的机制，大气环流得以产生并得到了强化。

高空大气相对于近地面大气较为稳定，这一点与深海极为相似。两种"海洋"在地平线相接相会，它们的风暴和咆哮却也难以延伸到地平线以外太远的地方。云朵中海拔最高的纤云，在高空聚集的位置比珠穆朗玛峰高不了多少。自此，空气的特征倏然变化。从地面到高空一直稳步下降的气温已经不再下降，所有上升的气流都已经被大大冷却，再也没有继续爬升的能量。它们最多只能是水平运动。这里便是平流层（或者称为高空）的开始。

空气在近地面更加活跃的属性，极大地促进了对地球面貌的塑造。通过大气不同成分的作用及大气环流的运作，近地面的空气得以对岩石圈进行大刀阔斧的改造。尽管空气的五分之四都由稀有气体和氮气组成，进而导致空气在化学性质上被定性为不活跃，但由于剩下的五分之一主要由活跃的氧气组成，空气仍能在化学领域有所作为。二氧化碳也是十分关键的气体，它仅占空气体积的万分之三，却不成比例地完成了大量的地质改造工作。在空气的其他成分中，水蒸汽也在岩石圈演进的历史中扮演了重要的角色。

面对各种气体混合而成的大气海洋，我们自然地活在其中。它不曾莽撞地夺人眼球，因而我们只能微弱地感觉到它的存在。正是有了这片海洋的存在，才有了我们自身的存在。氧气让我们得以呼吸，让我们的壁炉得以燃起温暖的火焰。二氧化碳和水蒸汽编织出一片保护网，使我们免于被昼夜的极端变化烤焦和冻僵的厄运。没有大气的遮蔽，崎岖的荒原将遍布大陆，再也不会有承载着土壤和作物的良田美景。这个世界将无风无雨，没有冰川，没有海洋，只剩下名为"死亡"的惨白的寂静。

大气赋予地球上的动植物以生命，也同样以悲悯的情怀，赋予了非生命的物质以运动变化的力量。毁灭和破坏是大气给予地球最重要的礼物，如果不加阻拦地任其运转，地球上所有的岩石都会渐渐崩碎，最终消失在大洋深处。

二、地球的起源

在世人眼中，有关地球起源的历史事件一直是模糊不清的。作为一个独立的星体，地球生涯的早期阶段成了一个谜。科学家们众说纷纭，却只是令迷雾越发浓重。学界普遍认为，地球和它的姐妹行星都脱胎于太阳。借由一颗途经的行星所产生的强大引力，地球从母体太阳中分裂出来，就此而诞生。而科学家们所争论的焦点则在于，地球诞生之后的 5 亿年间又发生了什么。一种比较流行的理论认为，地球的气体雏形在离开母体后迅速冷凝，变为一个约为成熟地球体积十分之一大小的球体。同时，太阳还以同样的方式塑造了许多其他球体，它们都被作为日后地球的内核的球体所吸引聚合，从而使内核日渐成长。

在内核成长的过程中，地球的质量逐渐增大，一直达到可以吸引足够多的气体来组构大气层的程度。一些相对较重的气体分子可能最早被吸引到地核的外围，或者，它们一开始就存在于地核表面。一些陨

⬇ 太阳。是太阳系唯一的恒星和会发光的天体，其直径是地球的 109 倍，体积是地球的 130 万倍，从化学组成来看，其四分之三是氢，剩下的是氦、氧、碳等

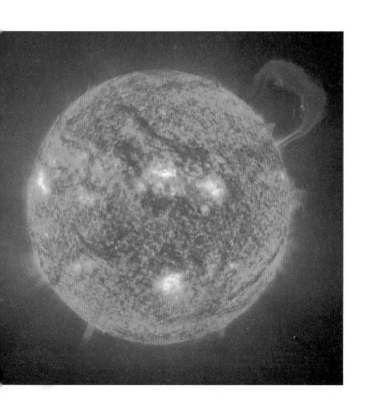

落的固体物质的撞击所产生的热量也会释放出额外的气体。人们已经了解到，现今坠落的陨石遇热会散发气体，过去的陨石应该也是一样的道理。地下的压强和放射性物质亦会释放能量，能量日积月累，最终引发火山运动。当到了这个阶段，塑造大气所需要的气体组成皆已具备。那时，巨大的热量几乎烤干了所有的岩石。岩浆从火山的咽喉喷涌而出之时，一定也溢出了大量的气体和蒸汽。

就这样，大气和它脚下的岩石圈共生共荣，共同成长、演化。空气中的水蒸汽不断增加，直到再也无法容纳更多的水汽。于是，雨水降落，将原始的低地淹成大海。当海水漫上地表，生命的故事也就翻开了它的篇章，地球开始记录它漫长的历史。在此之后的所有时代中，地球的表面产生了许多的变化。而包覆着地球的大气却依旧如故。

⬆ 活火山指的是那些正在喷发或预期可能再次喷发的火山

尽管大气的成分多种多样、十分松散，却依然能够不知疲倦地向岩石圈发起永无止境的进攻。它手持一柄双刃剑，一侧叫作化学侵蚀，一侧称为机械切割。它拿起利剑，或砍或刺或捶打或敲击，总是能成功地松动、击碎、分解岩石圈中的物质。在不同的时间、不同的地点，这些进攻从未停息，也从来不会失败。

从细菌到人类，无数生命的维系都依靠着大气层与岩石圈的纷争状态。如果大气未能侵蚀地表的坚硬外壳，并使其碎片化，大多数陆地生物都无法生存。携带氧气和二氧化碳的水汽会轻轻地覆在岩石上，就像死神的手掌一般，水汽所及之处都会被慢慢腐蚀。一些矿物被溶解，然后被搬运到其他地方；一些矿物则急不可耐地与氧气发生持续的化合，直到转变成又笨重又脆弱的新物质；另一些矿物则通过结晶水合的方式变得膨胀起来；还有一些则因为吸收了些许二氧化碳而变得易于分解。就这样，大气使用种种方式，成功地达到了持续侵蚀岩石的目标。侵蚀的过程中产生了土壤，继而植物和动物也就有了生存的基础。

与其他大多数物质相比，水具有一项极其特殊的性质，即在凝结成冰的过程中，其体积会增加约十分之一的大小。冰的密度小于水，因而湖泊与河流总是最先在表面结冰。只有长时间的持续无间断的低温，才能使水域底部结冰，继而冰冻水中的生物。水通过其扩张凝结的特殊属性，广施恩泽，令它水生的子嗣们有机会拥抱来年开春的大好光景。

然而，冰水的福利到此为止。运用冰与水的力量，自然以机械切割和化学侵蚀的方式，无情地摧毁着其他非生命的作品。岩石根本无力抵挡液态水凝结成冰时所产生的压强，它的每一处孔隙和裂口都要承受约 9 吨 / 每平方米的压力。许多高山的顶端荒凉破碎，有着被冰霜切割而成的典型地貌。两边的山腰若足够陡峭，并且没有植被保护，就会遍布被冰霜所切割下来的石块。这种"落石"从远处看，像极了跋山涉水的旅者。"落石"越积越多，最终在山腰形成堆积层。堆积层和一些被更充分碾碎的物质混合，形成一条缓缓流淌的泥沙之河。在这个过程中，冰霜与流水在岩石粒子的孔隙中活跃地运动，最终使山地的坡度变缓。

在那些举世闻名的沙漠中，旅行的驼队必须和两种地貌斗智斗勇。那就是波动起伏的沙丘，以及遍布着细碎卵石的、更加荒凉的戈壁高原。这世上也许没有比撒哈拉的岩石荒漠（即石漠）更加荒芜的地方了。这些荒地的昼夜温差相当大，正午和夜晚的温差则更甚。第一个发出此报道的人是探险家利文斯通。根据

他的观察，只要等到极冷的夜晚与极热的白昼交替出现时，撒哈拉沙漠中的黑色岩浆岩便会发出如来复枪响的爆裂声。不少人证实了他的发现。现在人们普遍相信，广袤的沙漠之所以遍布瘦削的岩石，是因为剧烈交替的热胀冷缩所产生的压力。

近年来，昼夜温差导致爆裂的观点已经开始动摇。人们发现，如果在荒原中没有那些缓缓渗入岩石粒子孔隙中的水汽，之前的许多解释都无法成立。在许多情况下，岩石被快速冷却的同时，弱化的作用力为化学侵蚀开启了康庄大道。矿物颗粒不均等的膨胀与收缩，加上氧气、二氧化碳和水汽的作用，导致岩石的表面一层层地脱落，就像被一层层剥开外皮的洋葱。苏格兰的本·尼维斯峰、佐治亚州的石山、约塞米蒂国家公园的半圆顶山，还有许多其他庞大的岩体都是以这种方式形成了自己的独特风貌。事实上，只要山脉的峰尖探头出土，与空气接触，上述观点便可以得到证实。所有遭受侵蚀的山脉最终都会化为一堆堆的岩屑，它们无可奈何地随着风、流水和重力的变化而四处飞散。

在时间的长河中，大气正是以这些方式，在独立于岩石圈循环演进之外的同时，仅仅依靠自己的存在，无为而治，使地球表面发生了巨大的变化。这世界上最为令人惊艳的奇山异石，大都因为大气的锻造和打磨。轻覆在陆地框架上的岩石粒子也

⬆ 沙丘主要由风的作用堆积而成，多通过跳跃或滚动的方式移动

⬆ 沙丘主要由风的作用堆积而成，多通过跳跃或滚动的方式移动

是大气运动的杰作，它们默默无闻，却是我们身边最常见的景观。许多地理要素都加入岩石圈塑造者的行列中来，而大气运动则是其中最为高效的力量。从存在的那一刻起，大气便悄无声息、稳稳当当地雕琢着各类岩体。它凭借世上绝无仅有的坚持，一举成为塑造陆地历史最为重要的角色。

三、大气的运动

　　大气运动会产生不同的力量。我们喜欢微风，它总是轻轻地吹拂我们愉快的面庞。然而，它的"姐姐"——那击毁我们家园的龙卷风，则使我们不寒而栗。那旋转的气流涌向人类的聚居地，常常间歇性地造成巨大的灾难。然而，对于人类所居住的宽广的陆地整体环境而言，龙卷风并没有多少值得夸耀的作为。大多数的地质变迁的工作，还是要交给那些常年吹拂着的、温和而稳定的微风。

　　灰尘和沙土是地质冲突的副产品。那碾过 U 形谷底的冰川，那磨蚀着河道的激流，那拍打着百万千米长沙滩的海浪，那释放出数不清的细小岩灰的火山，它们所产生的岩体碎屑和具有侵蚀作用的空气所产生的岩屑一道被空气搬运。通过搬运这类物质，风演变成大气层对抗岩石圈最为锋利的武器之一。

　　在那些气候温和、降水丰沛的地区，土层中的岩质会被植物的根系相对紧实地固定起来。而在那些干旱、半干旱的荒地中，土层则十分松散地结合在一起。在那里，风是无可争议的王者。即便是温和的微风也能将尘土吹起并搬运很远，更不用说狂躁的风暴会卷起多少沙石尘土。

　　1883 年，喀拉喀托火山爆发，致使三分之二的山体都变成了灰烬。这是人类所知晓的最为剧烈的火山运动。粗糙的火山灰颗粒可以堆积几米厚，然后乘风而去，被吹拂到 1600 公里以外的地方。大量的灰尘滞留在空气中，使得当地的日落在火山喷发后的一年内变得异常浓艳。岩浆岩的细小颗粒常常被吹拂到不同的地方，遍布世界。如沙尘暴，尽管没有火山喷发般壮观，却十分频繁，其沙尘可以被吹拂至 600 公里之外的地区。这种沙

沙尘暴是风将大量沙尘卷入空中使空气特别污浊的天气现象，沙尘暴发生时水平能见度小于 1000 米

尘暴在自西向东吹向海洋的过程中，甚至曾经落在一艘 1600 公里外的船舶的甲板上。人们也会在英格兰发现撒哈拉沙漠的尘土，在新西兰发现澳大利亚的沙石，甚至多次在斯堪的纳维亚、大不列颠及荷兰发现来自冰岛的火山灰。

有时，雨水携带着泛红的尘土，降落在地中海附近的陆地上。《伊利亚特》中首次记载了这些"血雨"，它们曾经降落在两三百平方公里的土地上。血雨，不仅颜色奇特，还包含有大量的微生物及动植物，其中人类可以鉴定的物种就有 300 多种。根据对 1846 年在法国里昂郊区发生的一次降水的观测，埃伦伯格估算出在雨水所携带的约 326 吨灰尘中，约有 40 吨由生物的肢体组成。从荷马时代至今，这些生物来到欧洲，究竟为数几何、来自何方，都成了无法揭开的谜团。

有时，一些远比灰尘粗糙的物质会被强风裹挟，四处飘移。"卵石雨"的报道曾不止一次地出现过，印度、马来西亚、佛罗里达和南卡罗来纳的居民纷纷声称看见了无数的小鱼顺着雨水从空中落下。据称，1894 年 5 月的一天，在密西西比州的维克

⊙ 陕西省的黄土高原地貌，在雨水的侵蚀下沟壑纵横

斯堡，一只乌龟从天而降。在所有乘风搭便车的"旅客"中，乌龟算是比较稀有的物种。

美国西部荒漠中在风沙侵蚀作用下形成的怪石

我们无法精确地测量出强风究竟搬起了多少沙石尘土。在荒凉的北美洲的高地上，分布在广阔区域的地表基岩，在各种大气力量的作用下瓦解、崩碎，并被躁动的狂风吹拂殆尽。经历了无数个世代，风矢志不渝地侵蚀着荒凉的岩层，以至于许多地区的海拔已经大大地降低了。一向对侵蚀之力不屑一顾的平顶山高高地耸起，它们宽阔的顶端已然成为对往昔陆地最后的凭吊。就这样年复一年，日积月累，不知疲倦的空气展现了其跨越时空的巨大力量。

一些物质相对来说比较笨重，致使风力难以将其搬运到太远的地方。在大多数情况下，这些较为粗糙的沙砾的碎片会静静地留在原地等待，直到其他的侵蚀力量将它们分解为体积更小的碎片。而那些细碎的沙砾则四处堆积，随着任性的强风四处漂泊。它们变化无常的行进会毁灭途经的一切植被和人类群落。

所有因大气力量而泛起的岩屑，甚至是最为渺小的灰尘，最终都一定会在某时某地回归哺育它们的土壤。分布广泛的火山灰随风漂泊，当它们顺着风的恣意的指尖落在地上时，早已分辨不清哪里才是故土的方向。在欧洲一些国家和美国，尤其是在中国，一些比黏土颗粒大、比沙土颗粒小的岩石颗粒漫天飞舞，竟能以数米的堆积厚度，遍布在数十万平方公里的土地上。这种堆积地貌被称为黄土地貌。著名的黄河与黄海都承袭了黄土地貌最典型的色彩，黄河流域也一度因黄土而具备了繁衍生息的条件。数以百万计的中国人在这片土地上生活，他们见证了戈壁荒漠吹来的沙土如何切割和雕琢出无数纵横交错的谷壑。他们发现挖掘窑洞并居住在地下，比在地面上大兴土木更为合理。好几个世纪以来，行走的车轮碾过黄土高原。在轮下一阵阵飞扬的尘土中，一些黄土又回归了随风漂泊的旅程，而高原上的条条道路也因此看上去更像是些小型的沟谷了。

尽管随风飘扬的岩屑都已习惯了四海为家的生活，但绝大

○ 历时 400 年建成的海德堡城堡，在历史上经过多次战乱和修复

多数大气的运载物最后都会跌入深深的海底，无数的风中碎屑都会在海底找到归宿。至于风为了填补海洋，究竟从陆地上盗走了多少疆土，没有人能给出一个准确的答案。正是在大陆惨遭销蚀的代价之上，海洋的底部极大地抬升了。

搬运岩屑的工作尽管看似十分庞大，却远不是风力运动的全部任务。仅仅搬运那些已经被其他地理力量瓦解和粉碎的物质并不能耗尽大气环流所有的活力。它精力充沛，足以在搬运岩屑的同时进行切割工作。在海德堡城堡的一个钟楼的过道里，洁净的穿堂风在一面砂岩墙上吹出一个大大的凹洞。装备了沙粒和灰尘的强风更是粗糙而富有进攻性。即便是在气候温和、降水充沛的地方，大片的地表土被植被的根系盘结起来，从城市街道吹来的尘风依然会对地表进行猛烈的冲击，直到其表面的植物被磨蚀殆尽。

在荒漠区域，愤怒地袭向陆地的沙石，会像河狸一样撕咬着木质的围栏和电报杆。中亚铁路的电报系统在使用11年之后，电报杆会因为沙石的自然磨蚀，缩减到只有原先一半的直径。荒漠中小屋的玻璃窗在沙尘的涂

鸦下很快便会失去透明度。被强风驱赶的岩石颗粒会不知疲倦地击打、割裂、磨蚀荒漠中的每一块岩石。一些岩体由于受到不均匀的风沙狙击，从而变得景致奇特。美国西部有许多被称为"怪石"的基岩正是大气的杰作。与人类的血肉之躯只能在短短的一瞬间维持其形态与内在的性格一样，荒漠中岩层的种种造型也只是短暂的风景，从诞生的那一刻起，它们就一直在等待被改变和毁灭的结局。

四、气候是王者

在这个世界上，有一种超越一切的强大力量能够如天堂的神明一般主宰地球和人类的命运。它能够塑造陆地的形态，并且可以决定土壤的范围、质量及肥力状况；它使得动植物的生命得以存续；它控制了迁徙的进程、稳态与能量的变化、劳作与休憩的节律；它指定了人类的食谱和衣着，从两极到赤道，从高山到大海，所有无生命和有生命的物质都必须遵从这位神明所制定的法则。它的名字叫作气候。

很大程度上，气候的多样性和复杂性取决于地球的两个基

⏬ 为了防止常年的雨水带走过多的泥土，热带雨林中有许多树长着板状根

本属性：第一，地球是一个被大气包裹着的高速旋转的球体；第二，地球围绕着太阳公转。这两种属性和地球的海陆分布状况一起，成为全球四季气温、降水和大气环流变化的基础。这些因素决定了有哪些地方温暖湿润，有哪些地方干燥少雨，又有哪些地方天寒地冻、不宜人居。可以说，正是气候分布决定了人类的聚落位置。也只有在特定的聚落里，人类才能过上更像是天使而不是猿猴般的生活。

在非洲、印度、澳大利亚、东南亚群岛及亚马孙平原的热带低地，太阳毫不留情地炙烤着大地。高温的空气密度较小，容易产生上升气流，致使水蒸汽冷却凝结，成云致雨。就这样日复一日、年复一年，无数场暴雨浇灌出茂密的丛林。这些密集而茂盛的参天巨木在顶端织起硕大的华盖，使得地面永远浸在黑夜般的昏暗中。各种寄生植物疯狂地吮吸着寄主的养料，无数的藤蔓像巨蟒一般缠绕着树枝。野地里，种子如雨一般密密地落下。植株的幼苗在阴暗潮湿的枯枝落叶层中挣扎生长，其中一些存活下来，另一些将无可奈何地走向灭亡。

在雨水相对稀少的土地上，则生活着一群惨淡营生的人类居民。他们时而闲暇至极，终日拖着裸露的身躯，懒散地游走在自己的小棚屋里；时而疲于奔命，用毒箭猎杀狡黠的野兽。他们无法搭建园圃，野草和瘴气会阻塞耕种的垄亩；他们也无法饲养动物，苍蝇的骚扰和饲料的短缺会要了那些牲畜的命。他们整日与蚂蚁、跳蚤和老鼠斗智斗勇，凶猛的野兽和有毒的昆虫随时会置他们于死地，大片的沼泽和灌木使他们与世隔绝。高傲的白人催促着他们去寻找橡胶、油棕和红木，使他们变成可悲的奴隶和醉汉。在一片令灵魂窒息的寂静的荒野中，他们没有政府、没有宗教、没有健康的体魄，他们只能紧紧地（并且令人费解地）依附于这片早已背叛了他们的土地。

在赤道两侧大约南北纬7°—15°的地带，降水与赤道地区相比相对较少，开始出现干湿两季。植被的规模和数量都相应地减少。在那些相对干燥的区域，灌木丛遍布在绵延的土地上。而在另一些地方，竹类、蕨类和藤本植物密密匝匝地缠绕起来，人们难以开辟出一条前行的道路。猴子和鹦鹉栖息在树枝上，饥饿的猫科动物则潜伏在树下等待着狩猎的机会。这

亚马孙平原的热带雨林地区

里依然是典型的丛林，这里的人们已经懂得如何满足地生活在一无所有的贫瘠之中。

在雨林地区，常年的高温天气会销蚀人类机体的活力。人们不会为了生存在这片广阔的土地上而过度劳累，他们仅需要满足一些最基本的自我需求。例如，他们用棕榈叶搭起避雨的凉棚，他们抛弃衣着的光鲜去享受凉爽与便捷。他们种植可可、香蕉、木瓜、面包果和其他的热带作物，待到果熟蒂落便安然享用。在一些人口比较密集的聚落地带，人们在干季烧毁灌木，圈出一片空地，再用尖锐的木棍凿土播种。他们种植玉米、大豆和山药，也埋下木薯的种子。此后，在收获之前，没有人会去料理园圃。这种农业模式的弊端在于，土壤里的细菌繁殖很快，暴雨常常冲走可以作为堆肥的果实与枯枝，因此，每隔两三年就必须开辟新的空地重新耕种。

这些雨林的小空地大约可以让 200 万—300 万人口过着定居的生活。他们身边的一切都是那样的繁盛与精彩，而他们自己却过着缺衣少食的生活。他们触手可及的，是这个世界上最丰饶的资源，而他们自身的躯体，却常常缺少活力和能量。太强烈的阳光，太丰沛的雨水，以及过于茂盛的植被把他们催逼到窒息的边缘。他们对身边的一切鲜有作为，因而注定要经历黯淡的生活。在气候的主宰下，人类的力量几乎不值一提。

而在另一些热带地区，雨林放轻了脚步。这些区域尽管范围有限，却是确确实实地存在着的。不知为何，人类文明竟可以在这里扎下根脉，并小心翼翼地开出柔弱的花朵。那些区域降水相对较少，文化也逐渐发展起来。四处蔓延的树木被种植着玉米和水稻的田地所替代。热带和亚热带的稻田足足养活了 70 万人口（在今天，数据已发生变化）。那 70 万人口足以支撑起一种文明，它也许在精神世界中并非最为卓越，却一定是世界上最为庞大和统一的文明。

新石器时代，人们发现了水稻并将其培育成一种作物，而发现的过程，至今仍无人知晓。如今水稻和它所孕育的文明依然在继续扩张。

爪哇岛的农业生产便是热带水稻文化的一个极好的例证。这个岛屿的面积比艾奥瓦州还要小，人口数量比法国全民数量还要多。在这么多万的人口中，大部分人都耕种粮食作物，自给自足。尽管整个岛屿有一半的土地都由有着茂密丛林的山地构成，但剩下的绝大部分土地都被用作水田。岛上的粮食作物极富营养，精耕细作的土地也有着极高的生产效率。在这里，平均每 2.6 平方公里的耕地就能养活 1000 个人，单位粮食产量接近

⬇ 巨嘴鸟是亚马孙热带雨林中的一种鹦鹉，主要分布于美洲热带地区，有 6 属 34 种

爪哇岛上高产的
热带稻田

每亩一吨，是美国最优质的小麦产地的单产的数倍。

　　和所有其他的人类聚落一样，爪哇岛繁荣的水稻生产缘于当地的地理气候。它恍若一个像极了母亲的孩子，身上的每一处细节都能让人想起孕育其成长的地理环境。岛上有着日均27摄氏度的气温，加上雨热同期的气候特点，使得每年两到三季的产量得以保证。人们还在绵延起伏的丘陵上开垦梯田，那是喜湿作物的乐土。此外，多山的地形孕育了肥沃的土壤，群山不仅带来丰沛的地形降雨，而且提供了多肥的淤泥和能够增加降水凝结核的火山灰。也许是因为一个小小的意外，自然在这个小小的岛屿上一改其对待热带居民的厉声厉色，从而造就了一片雨林天堂。

　　通过塑造当地的农业环境，自然造就了爪哇的农民，也以相同的方式造就了印度和中国的耕作者。这些热带居民依靠自己的勤劳、智慧和诚实，赢得了大自然的眷顾。正因为如此，狭小的土地才能够容纳为数众多却踏实肯干的人们。同时，那些缺乏勤劳品质的懒惰之徒也会被渐渐淘汰。尽管水稻文明并非世界上最为发达的文明，但在一个充斥着生死竞争的环境中，在一个人类梦想常年被丛林的瘴气所遮蔽的地方，这种文明依然可以被视为一个了不起的成就。

　　水稻文化是雨林气候的嫡系子孙，而在其他相对较为温和的热带气候地区，则产生了以种植高热量的热带经济作物为主的农业生产模式。咖啡、茶、可可、糖、香蕉、橡胶、大麻和许多其他的热带作物再也不是劳动人民的奢侈品，再也不是只有在野地里才偶然出现的宝藏。大大小小的种植园像一条腰带沿着赤道环绕着地球，其规模与数量也逐年递增。然而，放眼望去，热带地区还有大片尚未开发的荒莽榛林，人类只是在雨林的边缘地带分得了一席之地。而在雨林的内部，令人不寒而栗的瘟热与潮湿亘古未变，那里的人类依然面临着未知的挑战。

◐ 可可豆。热带地区的可可豆是巧克力的主要原料

第三章

大地留痕

　　液态水撰写了陆地绝大部分的历史。长久以来，地球与其孕育的生命演绎了一幕幕悲欢离合的故事。然而，倘若没有水的存在，所有的剧目都将戛然而止。地球上每一片土地的命运无时无刻不受到水汽的影响。大气层源源不断地从陆地窃取水汽，然后又将其尽数归还。

一、水的神奇

液态水撰写了陆地绝大部分的历史。长久以来，地球与其孕育的生命演绎了一幕幕悲欢离合的故事。然而，倘若没有水的存在，所有的剧目都将戛然而止。地球上每一片土地的命运无时无刻不受到水汽的影响。大气层源源不断地从陆地窃取水汽，然后又将其尽数归还。

在火伞高张的荒地，太阳会极力从岩石里吸收水分；在滴水成冰的极地，太阳也强制要求积雪升华。实际上，每一寸湿

🡇 美国加利福尼亚州的死亡谷地貌

润的土地都不得不向大气俯首称臣，缴纳贡赋。即便是位于地表下一米深的地下水，也会随着蒸发之势涌进大气的府库。而海水的蒸发更是首当其冲。如果那些被大气夺走的水汽无法重归沧海，只消4000年，世上所有的大洋便都会干涸见底。

一旦存在某种使空气冷却的因素，空气中的水汽便会发生凝结，并以露、霜、雪、雨或冰雹的形式形成降水，重返大地。由于大气随时可能失去既有的水分，它对水分的渴求也便从未止息。在大气水补给充足的海面上，空气中的水分含量平均约为其饱和度的75%；在陆地上，空气的湿度约为其饱和度的60%；而在沙漠中，空气中的水分极少能达到饱和度60%的水平。在一些较为干旱的地方，例如加利福尼亚州的死亡谷，空气湿度甚至低于饱和度的30%。

实际上，大气中水分的每一丝增加和减少都会体现在地表事物的变化之中。例如，降水会侵入岩石的孔隙和裂缝中，后者遂逐渐碎裂、崩解，这就构成了大气水分变化所造成影响的一个方面；全球各地变化纷繁的气候类型依赖于各地大气水分的变化，则是水汽影响地理环境的又一个方面。但对于地球本身和居住其上的生物而言，水汽所有其他的变化形式，都不及降水和地表径流这两个方面来得重要。

俗话说"下雨全是一个样"。此言作为谚语自有其妙处，却并不符合气象学的规律。在这个世界上，约五分之一的陆地是沙漠，这些地区每年的降水量不足25厘米；世界上还有二十分之一的陆地布满了湿润的丛林，那里的年平均降水量超过190

● 科罗拉多大沙漠中的约书亚树。属百合科，曾是土著人赖以生存的植物，树叶可编制篮子和凉鞋，芽和种子可食用

厘米。每年,那些在大气中四处游荡的浮云会向陆地倾倒共计约 7.8 万平方公里的降水,其中一部分降水落入大海或直接回归大气,其余的则被风分配到陆地当中。在不同的地域,风会受到不同因素的制约,其所承载物质的特性也不尽相同。

我们不妨设想一位旅行者沿着阿拉斯加州东南部的海岸线游历的情形。旅行者一路向北跋涉,子身行走于百万岛屿之间。这些岛屿是由一座座山川沉入海洋后形成的。凯奇坎的海港上,仲夏的薄雾凝成细雨。雨斜斜密密地下着,连成一根根连续的线条。一阵风吹来,把线条状的雨丝吹成了面状的雨屏。他等了好几个小时,想要等雨小下来,便能找个村落歇歇脚。但他只能白白苦等了。他的小船滞留在茫茫大海中。船长告诉他,每年夏天"内线航道"都多发暴雨。船队耐心地等待着，越来越多的岛屿在雾里若隐若现。热带丛林的苍翠碧色在雨雾之中早已模糊不清，但其存在的原因却显而易见。

如果旅行者穿越的是北达科他州的西部，他将很可能看不到雨，但能看到被雨水刻蚀的陆地。那千奇百怪的刻痕是一座座历史的丰碑，它们神秘而陌生，令人震撼不已。在跨越了千篇一律的麦场和荒原交替出现的平地后，他踏入了一块全新的土地。那地方用法语中的"无法逾越之地"来形容再合适不过了。道路在一片荒芜中蜿蜒，无数软页岩和砂岩质的沟壑被切割出各种稀奇古怪的地形。形态各异、色彩纷繁的山脉和峰峦向四面八方延伸，有的像堡垒，有的像庙宇。它们重重叠叠，共同构筑了一座没有鲜花凭吊的死城。

这些富有层状节理的奇特地貌时时刻刻都在追述着逝去的光阴。我们仿佛可以看到，就在时光的另一头，平平的流水缓缓地卸下层层泥沙，淤塞的小湖被烈日一点点地蒸干，无名的火山喷出的灰烬随风飘扬。其中最大的悖论在于，在一片几乎没有水源的地方，水却能展开其短暂而强悍的统治。不是在湿淋淋的马来西亚丛林，也不是在雨水浸润的阿拉斯加海岸，而是在那荒凉的干旱和半干旱地区，旅行家才能领略到流水的巨大潜能。在那里，雨水毫无绅士般的温和气质，它们从天而降，汇聚成激流，狂乱地奔腾着，摧毁自己，也摧毁裸露的基岩，摧毁所有的抵抗和挣扎，诠释着宿命的威慑力。

二、河流与文明

那些在荒漠中流淌着的稍纵即逝的河流，即便一手酿成了一方土地的不幸，但与世界上的其他河流相比，它们的影响依然无足轻重。在世界上的许多地区，湿润的气候足以维持河流持久的生命力。纵横交错的河流汇成网络，遍布山谷，呢喃着欢快的歌谣四处奔走。它们为陆地的命运而歌，也为立足于陆地间的文明而歌。

人类很早就发现，河流既是生命的源泉、探险和运输的有效途径，又是超自然精神的神秘化身。河流流经人类所旅居的

⬇ 特韦雷河。发源于亚平宁山脉，向南穿过一系列山峡和宽谷，流经罗马市区后，在奥斯蒂亚附近注入地中海

陆地，而河流的神圣与庄严也流经人类的神话、历史和宗教。
早期人类认为，生命起源于底格里斯河和幼发拉底河，结束于
冥河。埃及人尊敬尼罗河，视之为"仁慈的女神"，慷慨地将文
明之光赐予她的子民。即使是较为实际的罗马人，也用昂贵的
祭品供奉特韦雷河。印度人在恒河里沐浴，饮取恒河之水，更
多的是为了灵魂的纯净，而不仅是身体的清洁；美洲印第安人
如尊崇父亲般敬畏着密西西比河；德国人把对莱茵河的情感写
进无数的诗歌。人类，不管身处何地，都无时无刻不感受着河
流对于自身生命的重要意义。只是从最近开始，才有人试着研
究并探索河流究竟是什么、能做些什么。

那些有关河流的古老思想，富有哲学性的推测和诗性的想
象，并不善于观察和归纳。出生于公元前 5 世纪早期的希罗多
德，很可能是第一位有目的地研究河流的人。在一次埃及之旅
中，他被尼罗河深深吸引，开始对当时各种解释每年尼罗河泛
滥的观点进行批判。尽管他并不接受任何人的解释，也没有
树立自己的观点，却准确地理解了泛滥的意义。他意识到河

① 亚里士多德雕塑
头像

口的三角洲不断扩张的事实。他说："埃及是尼罗河的馈赠。"

一个世纪后，亚里士多德❶对河流进行了更深层次的探究。他已经有足够的资本去质疑柏拉图的观点。后者认为，所有的河流都源于一个地下大水库。亚里士多德观察到，注入地中海的大河大多发源于一些海拔较高的多山地区。他认为，山地汇聚了空气中的水分，再将水分排入河道，那些原始河道后来逐渐发育成永久的河床。他赞同希罗多德的观点，认为河流塑造了下游的陆地地貌。对自然的敏锐观察使亚里士多德成为古代河流研究领域的顶级权威。

斯特拉波是古希腊学术贡献仅次于亚里士多德的科学家，他生活在公元前1世纪。他曾到世界上许多地方旅行，并根据自己的见闻写下了17卷的学术著作《地理学》，使得主流的地理常识得到了极大的补充。古罗马学者塞涅卡生活在公元1世纪，其关于河流的论述亦是卷帙浩繁，并且（在他能控制住自己道德说教的冲动时）极富启发性。学者们的思想光辉似乎预示着一个即将来临的新时代，那是一个有着科学的河流学说的时代，也是一个注定要被冷漠和谬误所长久耽误的时代。

所幸，人类对物质世界的好奇心，最终还是冲破了中世纪的刚愎自用与停滞不前。然而，离开中世纪，文艺复兴时期的人们仍相信着显而易见的谬误。事实上，直到19世纪，相比经过科学实验检验的真相，许多漫无根据的猜测依然更为人们所接受。当时，有人相信河谷是一场浩世天劫的产物，有人认为河谷是一片淹没全球的大洋消退时底层洋流冲击的结果。

这些观点直到19世纪中期依然占据着统治地位。但更为科学的理论的

---

❶ 亚里士多德（前384—前322），古希腊哲学家、科学家、教育家、思想家。他是柏拉图的学生，古马其顿国王亚历山大的老师。代表作品有《工具论》《物理学》《形而上学》《伦理学》《政治学》等。

势力也与日俱增。在 18 世纪结束之际，有人宽泛却正确地概括了流水对陆地的侵蚀作用。然而，证明河谷乃是流经其间的河流的产物的任务，还得留待英国地质学家詹姆斯·赫顿去完成。1802 年，约翰·普莱费尔在解释赫顿的观点时说：

"每条河流似乎要汇成一条干流，要由各种各样的支流补给水源。河流的大小和山谷的大小成比例，所有河流共同组成河谷系统，并且相互连通。每一条河床的坡度都恰到好处，它们要么太高了，要么很低，以至于没有一条河床与主河谷相接。从这一点来看，这些河谷不是由流经其上的河流所塑造的假设是完全不可能成立的。

"如果河流真的只由一条溪流组成，没有支流，并且在平直的河谷流动，那么巨大的冲击，或者是强大的激流一下子就打开了前往大海的通路；但是，考虑到现实中大多数河流的形态

⊙ 河谷地区的风貌

不难发现，河流的主干由许多发源地相距甚远的支流汇聚而成，支流又是由无数更为细小的次级分支汇成。这就不禁让人想到，所有的河道都是在原先陆地的基础上，被河水本身切割、冲刷和侵蚀而成的。并且，这些深深刻在陆地表面的纵横交错的线条，是在反复的相同的作用下逐渐形成的。"

　　这寥寥数语中所蕴含的美妙逻辑，正是整个现代河流科学的基石所在。

三、河流的形成

长期以来，地球内部一直持续地萎缩着，地表也就随之起皱、破裂，像是一个干瘪的苹果的外皮。隆起和褶皱的土地海拔上升，进而遭受到被重力驱赶着奔向大海的流水的冲击。由于被抬高的部分没有绝对一致的倾斜度，入海的径流并未均匀地散布到各个方向。但无论如何，各路径流总会找到既有的低地，将其不断掘深、拓宽与延伸，日积月累，直至开拓出一条便于通行的河道来。

展开想象，我们可以追溯一块原始高地的河流史。首先，雨水汇聚成涓涓细流，坡度各异的原始地形决定了它们的流向。接着，水在地表凿出了水沟。越多的水流过沟渠，沟就凿得越深；越多的水冲刷着沟壁的两侧，沟就凿得越宽；越多的水在源头涌动，沟就凿得越长。最终，大大小小的涓流都汇入一条从头到尾贯通的河道中。不过，直到这些河道被切割到足以挖掘出地下水的深度，小溪才能变为不依赖变幻莫测的降水的永续河流。

河道一旦形成，年轻气盛的溪流便开始挖蚀承载自身的斜坡。挖蚀的方法和手段多种多样。借由运动的力量，流水带走了被风化作用松动的碎片和石块。通过溶解沟谷底部和侧面可溶解的矿物质，流水又得到了更多的溶质。那些没有被溶解的水中物质，则被推搡着顺流而下。水中的碎石相互碰撞，使颗粒一点点变小，棱角也一点点磨得圆滑。较为硕大、沉重的石块不断地摩擦着基岩，河谷就更为深入地嵌入了高地。只要溪流的上下游存在海拔差异，流水就会持续地向下侵蚀河道。

溪流沿着水循环的轨迹不断前进，地表景观也随之从一种形态转化为另一种形态。在早期汇聚而成的径流系统形成后不久，年轻的河流就开始

活力四射地向下侵蚀着自己的沟渠。沟渠不断加深，演变成河床边壁与地平面呈现鲜明折角的 V 形谷。大大小小的支流如树木的分枝一般不断发育，切割着、挤压着并分隔着相邻流域的分水岭。

不过，实际上，早期的地表景观并不会在短时间内发生如此剧烈的演变。早期的径流系统中，干流很少，支流也很稀疏，流域间横亘着宽广而难以逾越的分水岭。在峡谷中，流水轰然跌落陡峭而弯曲的河道，发狂般地奔向前方。在这一片由直线和折角组成的景观中，没有任何圆弧的余地。优雅的蜿蜒无迹可寻，雄浑壮丽的景象却随处可见。早期的河流所流经的峡谷，往往蕴藏着一些惊艳绝世的风景。

在落基山脉的西部和南部，辽阔的高原在天际勾勒出高大的身影，盘踞在科罗拉多州西部、新墨西哥州及犹他州和亚利

桑那州的大部分区域。地表下埋藏着有着古老血脉的岩石，它们的祖先正是一方已消失的土地上被人久久遗忘的河海。它们记录下了整整 4 个地质年代的兴衰成败，那是跨越 10 亿年的历史。然而，这块区域之所以不同寻常，并非在于这 10 亿年的光阴，而在于那随着第五个地质时期而来的神秘的震颤。那场剧烈的地质运动将高原不偏不倚地抬升数千米，自此为全球有史以来最为壮观的侵蚀现象拉开了帷幕。

　　流经新兴地貌的河流剥蚀着数不清的岩石，直到流水的活力随着山体坡度的趋平而逐渐耗尽。接着，数百万年前，当上一个冰期的巨大冰川开始从北方向南漫延时，高原再一次被抬升并向南倾斜。这一次，高原抬升到了现今的高度——海拔2100—3300 米。一度衰亡的河流此时重整旗鼓，继续开凿河道的使命。整个流域系统也重新运行起来，全新的科罗拉多水系应运而生。

　　科罗拉多河主要由雨水和高山冰雪融水补给，包括大大小

⬆ 落基山脉西部的岩石

小的支流在内，整个流域面积可达约 63.7 万平方公里。在约 1030 公里的上游河段，狂放而多沙的河流穿过高高的荒地，切割出一道道陡峻的山峡。就像锯木机嗡嗡地锯下圆木一般，科罗拉多河不疾不徐地切割着缓慢抬升的高原。长 320 公里、宽 19 公里、深 1.6 公里多（现数据已更新）的科罗拉多大峡谷作为世间巨大的峡谷之一，堪称全球最令人惊叹的河流蚀刻之作。

放眼大峡谷，茫茫一片平顶高山，被科罗拉多河与它的支流切割开来。自峡谷基面，群山由颜色各异的岩层堆叠起来，在阳光的变化与照射下彰显出难以言表的美丽。有人曾尝试着用语言、绘画去描摹这片壮丽的景色，但终究还是无法展现出大峡谷不可思议的魅力。也许，对人类而言，任那份瑰丽自我彰显才是最好的选择。

那些珍惜生命、乐享安逸的人，最好选择在峡谷边缘的旅店里轻松地观赏壮丽的风景。然而，仍然真有那么一些人，为了探索大峡谷的深不可测而跃跃欲试。尽管他们之中并不是所有的人都有机会活着回来向世人讲述自己的经历。约翰·韦斯利·鲍威尔少校的经历堪称历史上最为大胆的冒险。

鲍威尔少校是一位参加过夏洛战役的独臂军官，他是史上第一个成功穿越整个科罗拉多大峡谷的人。1867年，鲍威尔的心中第一次萌生了这个危险的计划。那时，他对科罗拉多河与大峡谷知之甚少。1540年，科罗拉多探险队的唐·洛佩兹·德·卡德纳斯从河比族印第安人口中听说了大峡谷，成了第一个站在大峡谷边缘的白人。两个多世纪过去，白人才再次登临大峡谷：1776年，两个西班牙牧师跨过了科罗拉多河。又半个世纪过去，首次登临此地的美国人方才出现。到1850年，政府探险队开始了在科罗拉多高原上的勘查，但他们仅仅满足于蹚涉河流，而不顾大峡谷的风光。1869年，鲍威尔与另外九人乘着四艘小船驶离怀俄明州的绿河市。那时人们普遍认为，科罗拉多河拥有长达几百公里的地下河段，而任何尝试涉险步入这段湍急而神秘的河道的旅行者都将必死无疑。

探险队并未找到所谓的"地下河道"，但他们却偶然发现了数以百计的大瀑布。瀑布落程较长，多以每小时32公里的速度跌落岩梯，并溅起巨大的水花。8月份，探险队终于进入了大峡谷。四艘小船中的一艘被激流冲碎，科学仪器从船上掉了出来，备用食物紧缺。那时，遍布荒漠的海岸传来饥饿的回声，溺毙水中的命运几乎成为河流唯一的许诺。在这样的情况下，鲍威尔在日记中写道：

"我们在地下0.75英里（约1.2公里）的深度航行。河流猛烈地拍打着那伸向外界的高墙与陡壁，但那对于大峡谷而言，只能算是微小的涟漪。我们自己同样也只是些卑微的小矮人，在沙石间上蹿下跳，或在重重巨砾间迷失方向。在我们的面前，有一段未知的路程要前进，有一条未知的河流要探索。自头顶落下的液体源自何处，我们不知道；阻塞河道的岩石是什么样的，我们不知道；河流上方的崖壁是怎样的构造，我们也不知道。但是，我们能猜想许多事物。大伙儿一如既往地欢快谈论着，整个早上都自在地开着玩笑。然而，那欢乐令我忧郁，玩笑令我恐慌！"

四天之后，鲍威尔又写道："河水狂野而迅猛，在狭窄的河道中涌动。我们的行程进展缓慢。我们常常需要沿着周边的岩壁靠岸，爬上岩壁的某个高处，俯视河流。我们形迹匆匆却百般谨慎，生怕再多一次意外，会使我们丧失仅剩的物资……

"我们前进了17公里，在河道右侧的石块间扎营。这里时不时便会下雨，弄得我们全身湿透，严寒刺骨，整天如此。但是，两次降雨之间，阳光十分强烈，水银温度计上的数值升到了46摄氏度，极大的温差使人十分不适。今晚下着雨，更是尤其寒冷。我们的小帆布腐烂了，从绿河市带来的橡胶披风也早已遗失，超过半数的队员没有帽子。事实上，我们中已经没有一个人拥有一套完整的衣裤了。此外，我们中还有人没有毯子。因此，我们只好在水中收集些散碎的浮木，用来生火取暖。但晚餐过后，暴雨又下了起来，把火浇灭了。我们整夜坐在岩石上，冻得瑟瑟发抖。夜里的不适比白天的跋涉更让人精疲力竭。"

在接近大峡谷末端的地方，小船被激流卷入了花岗岩峡谷中，那是整条河流中最糟糕的河段。所幸，船只有惊无险地穿过了汹涌的急流。但在另一个花岗岩峡谷出现时，队员们的勇气和信心已经开始动摇。三个人决定放弃探险，他们把自己的方案告诉了厨师霍金斯，希望他能加入，但后者坚定地拒绝了他们的邀请。后来，霍金斯写下了这段小插曲，他说："正当我们谈论之时，少校向我走来，他把左臂搭在我的脖子上，眼泪顺着脸颊滑了下来。当着其他所有人的面，他对我说：'比尔，你真的是这个意思吗？'我告诉他我确实是。然后他说，只要有一个人留下来，他就不会放弃这条河流。我只是简单地回复他，他并不了解这支队伍所有成员的想法。"

然而，计划逃离的三个人最终还是付诸了实践，他们爬出峡谷，向北而去。鲍威尔和剩下的"忠实的五人"继续向前行进。第二天，船只突然摆脱了峡谷中的激流与泥沙，进入了较平静的水域。一周后，他们到达里约维尔根，回到了家人和朋友的身边。最终，鲍威尔总算松了口气，他在日记中写道：

"之前，我们面对着未知的险境，它比顷刻而至的危机更令我们惶恐。在大峡谷中，每一个清醒的时刻，我们都在艰难地跋涉。我们焦虑地看着匮乏的食物配给渐渐耗尽。而当我们饥渴难耐时，河水会时不时地夺走我们仅剩的一点干粮。在昏暗的峡谷中，我们时刻遭遇着危险和困苦。白天，云朵遮住天空，到了夜晚，我们也只能从裂口中看到一片窄窄的星空。只有在稀少的睡眠之后，在艰苦的辛劳之后，激流的咆哮方才平息。现在，危险结束了，困苦也即将告终，啊，这浩渺的星空是多么璀璨啊！

"在身边，河流翻滚着，平静而雄伟。寂静的营地里弥漫着甜美和舒适的气氛，我们的愉悦近乎疯狂。"

另一方面，那中途逃脱的三个人的遭遇并不比鲍威尔等人好太多。在大峡谷上方的高原上，他们不幸遇到了苏族部落的印第安人，从而开始了另一场绝望的逃离。

四、河流的轨迹

随着科罗拉多等河流的持续发育，周围的平顶山分水岭被磨蚀成棱角柔和的山脊。在水源充足的地区水系较多，大大小小的支流在陆地上编织出密密的河网。初始的高地被河流切割成无数的山峰和谷地，经年的风化作用又将刚直的轮廓与棱角磨蚀得平缓光滑。

在经受河流长期侵蚀的地表上，每滴雨水都能为汇入大海

⬇ 丹霞地貌。红色砂岩经过长期的风化剥离、流水侵蚀而形成了这种水平构造地貌。在中国境内发现较多

找到一条现成的轨道，在河道畅通的山岭上，没有积水会滞留在湖泊和沼泽中。由于支流的急剧增加，更多在风化作用下碎裂的山体岩屑被河水搬运而去。在干流的作用下，河谷的坡度日渐平缓，河床中的棱角被渐渐磨平。因而，只有在地势起伏较大的上游才能塑造奔涌的瀑布与激流。在海拔较低的下游，蜿蜒曲折的河流时不时地冲蚀着两岸的谷壁，从而拓宽了河道；同时，上游的泥沙也会随水而来，一层一层地堆积在日渐宽阔的河床上。而在中游地区，河流如年富力强的中年人一般，面临着生命中最艰巨的任务，（在某种意义上）也彰显着生命中最伟大的成功。

尽管流水侵蚀的总目标是将一片区域尽可能地夷平，但单条河流的独立目标是无论付出何等代价都要扩张自身的流域。河流之间的生存竞争十分激烈。如果一条河流能够冲破相对脆弱的分水岭顺势而下的话，它就能抢占临近河流的流域，从而夺取弱势河流的水源。

不同的地形孕育了不同的河流，不同的河流依其地势展现出不同的流动方式，彰显出不同的性格和魅力。在西弗吉尼亚州西部，地势几乎是水平的，河流的分支像大树的枝丫一样，向各个方向铺散。东面的情况则有所不同，岩层呈褶皱状展开，从东北一直延伸到西南。笔直而修长的河流切割着褶皱山之间的谷地。支流汇成网格的形状，短短地悬在谷地两侧的山坡上，坚硬的岩壁使它们无法肆意地延伸。

在下游，倘若地质运动不对水循环的正常运作横加干预，河流便会征服一切阻碍势力。分水岭会遭到持续的磨蚀，最终只余下几块最坚挺的顽石，伫立在一片饱经沧桑而单调的土地上。流域间的竞争与吞并减少了区域内干流的数量，幸存的河流则疲倦地汇入大海。浅浅的河谷被削低至与河口相同的海拔。在接近海平面的高度，河床已经没有了降低的余地。当春雪融化、上游水源增加时，河流便会懒散地蜿蜒在广阔的河滩中，河水偶尔泛滥而出，为下游的低地带来大量的泥沙。河流间的土地平坦如原始的高地，湿地与湖泊点缀其间，在阳光的照射下闪闪发亮。

由于现今大陆的海拔普遍高于古代，那些留存至今的地表上的河谷的海拔也就不再与河流入海口的海拔相同，而是相对升高了。在地质运动的作用下，一些地层会发生抬升、倾斜，从而开始往昔岁月的重演。新一代

的河流会自高处萌生，新的河谷会在苍茫大地上挖出深深的沟渠。但是，全新的演进并不会完全抹去昔日的留痕。在许多新生的早期河流之间，都分布着宽阔的分水岭，它们很显然是古代河流地貌的遗老。

自然界中充满了对立。地表以下的力量随时可能阻断一块流域内地层的正常演进。地层的抬升会为活力衰减的河流带来新生：本被磨缓蚀平的土地再度变得高耸巍峨，河流的发育历程便随之从头演绎。地层沉降时则正好相反，原本陡峭的山地骤然平缓下来，河流的活力被无故削弱，流水的侵蚀活动也随之无疾而终。地面沉降还会使河流的入海口下降到海平面以下。当倒灌的海水淹没下游低地时，便会塑造出形如切萨皮克湾（美国东海岸中部）这样的海湾地貌。有时，荒漠性气候会突然降临在一片原本湿润的土地上，扼杀流域内所有大河，终止它们的流淌和演进。有时，成片的冰山和熔岩会完全湮没河床，一切必须从头开始。尽管地理环境变化无常，湿润地区的河流仍会按照既定的发展轨迹努力向前行进。也正因为如此，每个历史时期流水侵蚀地貌的景观都会如期出现在现今地表的某处。

河流的性格几乎一律是放荡不羁的，然而，那些步入晚年的河流的运动方式尤其不随人的意志而转移。在密西西比河的下游地区，河谷的历史很大程度便是一部不断尝试着制约波涛汹涌的河流的历史。河流在河谷中均等地施与福祉和灾难，对万物毫无偏袒之意。

从伊利诺伊州的开罗到墨西哥，河水冲刷着其自身创造的土壤，也冲刷着承自往昔的泥沙。河流跨过谷地，蹒跚地画出一道道圆弧，漫无目的地卸下裹挟而来的沙石。然而，流水并未就此停歇，而是步步为营，逐渐发散成许多支流，清理着各自河道中天然形成的障碍，最终在大海中找到归宿。尽管河流已经入海，但其携带的泥沙却在入海口沉积下来。数个世纪的沉积物积累起来，便造就了广阔的密西西比三角洲。随着各条支流不断延伸，支流的冲积河岸也以每年 100 米的速度延长，一切堆积的原料都来自路易斯安那以北的土地。

对于创造平原的仁慈之举，河流会索要相应的报酬。在数百公里的流域内，河流的坡度十分平缓，河流自身的轨迹也极易改变，以至于流水内的所有物体都无法保持固定的形态。河道的弯度通常很大，有时一条小船顺流而下 50 公里，也只前进了一两公里的直线距离。当洪流来袭，大水便会冲破弯道之间的狭窄空隙，将河道拉直。废弃的弯曲河道遂变成一个新月形的湖。原先处于河道两岸的农场立刻远离了河流。唯有河流才能将农场的货物运往市场。

对人类而言，河道的持续变更会带来极大的不便。当一条河流急速上涨时，灾难便会降临。溢出河道的河水会无情地淹没两岸的低地。美国政府已经耗巨资，试图抑制密西西比河下游的泛滥，然而，这些努力根本无法制止情绪高涨的密西西比河。

过去，当铁斧肆虐在阿巴拉契亚山脉的林地，当犁辕纵横在西部平原，遥远的密西西比河上游流域的茂盛植被能够阻滞经冬的雪水和剧烈的降雨，以免降水白白地流入大海。然而，当森林采伐伴随着文明的脚步一同袭来，灾难也接踵而至。孱弱的河岸无法阻滞河水上涨引发的漫溢，对反复的泛滥更是一筹莫展。洪涝灾害总是频繁地发生，在流域内传播灾难。

每当河水溢出河道时，水流的速度便会骤减，从而致使水中携带的泥沙一层一层地堆积在被洪水淹没的区域。在河道的边缘，也就是在第一次洪水泛滥所淹没的区域内，一次又一次的洪水堆积物形成了一组高于河谷基面的堤坝。随着这些天然形成的堤坝越升越高，它们与创造它们的洪水抗衡的能力也就越来越强。人类遂从大自然的暗示中得到启发，要加固这些堤坝以防止洪水泛滥。

在密西西比河下游，高于河水最高水位的堤坝一直延伸了2000多公里。因此，许多灾难得以避免，许多湿润的土地成为良田。不过，在水位较低的地方，河水持续上涨，以至于两岸的堤坝需要不断地加固、抬升。在许多大河的下游，河水水位实际上高于以谷地为基面的建筑物顶部。当这些河流的堤坝崩溃时，其灾情将远比从未有过堤坝的流域更为严峻。

⊕ 赫尔南多·德·索托。是第一个发现密西西比河的欧洲人（作于1541年）

时至今日，生活在密西西比河下游流域的居民仍然无法相信这些既有的堤坝可以有效地保卫自己的生命和财产。河流是叛逆的，它可以在任何时间、任何人们毫无防备的情况下找到突破障碍的核心。在侵蚀威胁最严重的河边，人们种下柳树，铺下钢缆，但在没有这些设施的地方，危险依然潜伏着。容纳洪水的水库正在建造，重新造林在个人的贪婪和公众的漠视中进行。依此情势发展下去，或许有一天，洪水这个庞然大物有望被驯服。

　　如果那一天真的到来，那将意味着人类的智慧与意志都得到了飞跃性的提升。早在人类还没有出现在地球上之前，河流就是陆地的主宰，它掌控着自己的命运。倘若人类能够成功地驯服哪怕只是一条大河，他们自以为全能的执念也许便不会显得过于荒谬了。

五、河流的两面

与大多数的自然之力相似，河流并不只是在被削弱时才能被人类利用。本质上，河流之于人类，既是福音，也是诅咒。此外，河流所带来的好处甚多，以至于人们不再视洪水的危害为过于沉重的代价。不得不承认，世上没有任何其他自然力量能如河流一般引领人类从野蛮步入文明。人类历史与河流相互交织，共同流淌。

原始人会自然而然地聚居在因流水作用而形成的冲积平原上，这一点好比苍蝇为腐肉所吸引。经由流水堆积所形成的草场，

⊙ 埃及古墓中的图坦卡蒙木乃伊面具

因其水草丰美而成了牧民与牧群的栖所。当牧民开始小心翼翼地尝试耕种这片土地时，会惊喜地发现，自己已经不再需要为了寻觅草场而浪迹天涯。从此他和他的子孙后代一直在这里生活，大部分地球人也正是在相似的地理环境中找到了繁衍生息的地方。

跨越时间的长河，人类一直探寻着适应河流秉性的生活方式。间歇性的洪水滋养了丰饶的田地，却也时常令农人的家园与生命备受威胁。面对两难之境，人们通过各种各样的努力，在调和河流的利弊上取得了一些成果，却无法使方案臻于完美。白尼罗河河岸旁的土丘上，坐落着一座座与现代社会脱节的村

庄。当洪水来袭,将冲积平原淹成一片沼泽时,当地的原住民制造的建筑立在高于水面的山冈上,幸免于被冲毁的命运。在非洲,在中国,在更多的沿河流而居的人类聚落,同样是出于防洪的目的,人们建造了许多人工高地,其用法与过去人们普遍使用的防洪手段大致相同。

随着时间的推移和文明的进步,更加精心设计的防洪系统取代了原始的简陋设施。不同地方的人联合起来,他们或筑堤或建坝或挖渠,共同致力于阻滞、分流漫延在其家园上的河流。他们的目的远未实现,洪水几乎是不可战胜的。对于人类而言,真正意义上的胜利并非战胜河流,而是战胜自己。在抗击洪水的过程中,人们为了共同的危机而聚集,为了共有的福祉而努

🔶 圣字书。古代埃及的文字

力。或许，再也没有比这种方式更能够培养人们的合作意识了。

　　古埃及的经历能很好地说明，一条河流是怎样击毁一切沿其河岸而居的人类的个人主义观的。当欧洲人还过着采猎生活，通过投掷石块以获得猎物时，古埃及已然借由尼罗河的力量发展为一个庞大的国家。起源各异的野蛮人——他们大多是含米特人与闪米特人的后代——从四面八方涌向肥沃的冲积平原。同受尼罗河水的哺育，不同族群的人们的种族差异也在一种微妙的演化中渐渐消失。他们以节约使用尼罗河的慷慨馈赠为目标，组成了一个联合政府。他们的政治建设取得了极大的成功。

⬇ 狮身人面像。埃及文明的代表。其高约 21 米，长约 57 米，除了狮爪是用大石块镶砌的外，其余部分是在一块含有贝壳之类杂质的岩石上雕成的在法老的带领下，古埃及人逐步扩张领土。在这个过程中，他们从野蛮走向富足、安逸与文明。他们在艺术、科技、政治及工程领域都取得了令后世文明敬仰不已的奠基性成就。

河谷既是人们聚居的栖身之所，也是重要的交通通道。河流中，探险的商船来来往往，穿梭不息。在历史上，对新发现土地迅速而成功的殖民，大多有赖于水道的适航性。欧洲人殖民北美大陆，正是随着河流入侵，尤其是圣劳伦斯河和密西西比河。在南美洲，宽阔而密集的河网刻画出大地的骨骼。探险者溯流而上，使得这片土地在被发现的数十年后不再迷雾重重。另外，非洲大陆之所以在很长时间里都不为世人所了解，正是因为无数横亘在其河流上的巨大瀑布阻挡了探险者的道路。

在地理探险之后，商业贸易接踵而至。北美的皮毛贸易网，正是通过巨大的河网，在大片区域铺展开来。同样地，俄罗斯的商人借由河流航道驶入太平洋。莱茵河、罗讷河和多瑙河是欧洲中西部最主要的贸易航线。自新石器时代至今，商业活动便借着河流的流淌一路而下，而伴随着商业活动的，是文化的交流及战争的扩散。

中国人的血脉一直与长江水相互交融。驶进长江入海口，远洋汽船便可以顺着下游平缓的水流悠悠然航行 1000 多公里至汉口。乘坐较小的汽船，便可以继续向上游至宜昌，穿过上游的激流，小船甚至可以到达更为深入的腹地。正是有了长江，内陆肥沃的农田和沿岸繁华的城市才得以相互联系。长江是连通一片广袤土地最强有力的纽带，它所哺育的中国居民的人数超出了整个西方世界国家人口的总和。

凡此案例，不胜枚举。随着历史的发展，交通和通信方式越发便利，但河流仍然是人类生活不可或缺的一部分。即使是在演进的过程中，河流与人类相互融合的节奏也是一致的。河流注定了生死相继的命运，正如产生于河谷的文明那样。

第四章

暗流涌动

在所有被人们认识的地下水中，最深、最静的莫过于古代海洋残留下来的咸海水。随着地球的变迁，这些水被埋藏在大陆的沉积物中，它们被密封起来，无法蒸发，也很难参与到水循环中。它们是地貌消亡和一个被遗忘时代的痛苦回忆者。

一、地表下的力量

　　河流在地表翻滚肆虐，往往是被一些更为潜在的力量唆使的结果。这些地表以下的潜在力量，如人体皮肤内的蠕虫一般活动着。这些隐蔽的水流自岩石的孔隙与裂缝渗入地下，成为侵蚀岩石圈的重要成员。历经无数世代，地下水作为大气军团的一员，悄无声息地行进着。它的赫赫战功是任何一部严谨的地质记录都不应一带而过的重要章节。

　　似乎生活对本应理所当然的事物的否定，往往会打碎人们的幻想。细细考量，所谓"陆地"的概念的确需要一个更为精准的涵盖其所有外延的定义。在常人眼中，岩石是永恒而不会被毁灭的，而其实它们的寿命同我们一样，都是有限的。

　　在细致的观察下，即便是最为坚固的岩石也会暴露出弱点。当火成岩从液态凝为固态时，它们总是会溅裂成一块块形状、大小各不相同的石块。沉积岩则以显著的层状堆叠起来，每一层的岩石形态都可以标记该岩层所在时代的历史变迁。不过，岩层收缩所造成的裂口有时会切割层状的沉积岩，打乱上下岩层发育的时间顺序。变质岩由火成岩与沉积岩演化而成，因而"遗传"了后两者固有的裂痕。岩石无论种类，无论致密程度，都一定是有孔隙可以渗透的。不同性质的岩石，其孔隙所占岩石空间的比例不同，其中低的可低于1%，高的则可以达到40%左右。

　　对岩石进行的压力测试的结果使人们相信，裂缝与孔隙只日常所见的花岗岩。
属于岩浆岩

⬆ 岩浆岩破碎分解
后形成的沉积岩

存在于地壳表层。在地表 10 多公里以下，上覆地层必须足够沉重才可以压实下面的地层，清除所有的空当，同时使最坚固的岩石变得可塑。因而，较为疏松的岩石一般处在地壳上层，从地表渗下的水分被局限在一个相对浅层的区域，从而使岩层深处幸免于被侵蚀的命运。

在所有被人们所认识的地下水中，最深、最静的莫过于古代海洋残留下来的咸海水。随着地球的变迁，这些水被埋藏在大陆的沉积物中，它们被密封起来，无法蒸发，也很难参与到水循环中。它们是地貌消亡和一个被遗忘时代的痛苦回忆者。命运的意志在更迭交替的时代有意无意地保护着它们。除非在打井和抽取石油的过程中被挖掘出来，否则，它们一直静静地沉睡在自己的安乐窝中，不会被周围的争端所惊扰。

与因长久被禁锢而产生的老迈与麻木相反的，是另一种地下水的青春与鲜活。这种地下水有幸在产生之时便从火山的腔体中脱逃而出，并且顺着岩层中的裂缝朝地表进发。当活火山爆发时，与岩浆一同喷涌而出的，还有大量的包含一定水分的蒸气，这部分水分原先大多存在于地下的液态岩体的混合物之中。许多地理学家认为，一些在火山活动停息后的区域出现的泉水可能在火山活动前从未出现在地表。例如，德国、法国和美国加利福尼亚等地的碳酸钠泉水和富含氯、硅、钠化合物的间歇泉水。

🔺 花岗岩。大陆地壳的主要组成部分，是岩浆在地表以下凝结形成的岩浆岩，主要成分是长石或石英

随着地表水的下渗，不同岩层的水体混合在一起，上述的"原始地下水"很快便会丧失其原本的特性。因此，要准确地识别出"原始地下水"，并界定其在大量而多样化的地下径流中的含量也就变得十分困难。在诸多识别原始地下水源的方法中，最为可靠的是测定水体的化学组成、浓度与流速。大气水的这些指标远不及原始水稳定。

无论是受困于地层深处的远古海洋的残余，还是从地下的液态岩石中渗出的原始地下水，在侵蚀地层上所起到的作用都是微不足道的。那些贮藏在井底的井水，那些顺着矿穴与岩洞的石壁流淌而下的岩层水，那些在黑暗中无止境地改变着大气面貌的径流，大多来自从地表下渗而来的雨水。雨水巧妙而迂回地潜入岩层中的孔隙与裂口，在浅浅的地层中造就了一片遍覆全球的地下海洋。旱灾或许会让农人的作物枯萎，但救农人于危难的井水却可以在灾难中得到补充。经由地下径流的渠道，许多遥远地区的降水可以有效补给某处的地下水源。即使其中一处补充水源阻塞，其他水源也依旧畅通。毫不夸张地说，地球上的每一片沙漠之下，几乎都潜藏着丰富的地下水源。

在那些雨水丰沛而不至于狂暴、地面植被覆盖率较高却不至于陡峭的地方，水流很容易在重力的作用下经由疏松的岩石颗粒渗入地下。岩石间的裂缝与孔隙更为下渗雨水提供了深入地底的通道。不过，下渗最为主要的通道，还是那些构成岩层整体的粒子间的空隙。倘若空隙像粗糙的沙石那样较大、较多，水流则变得缓慢而稳定地流下；倘若空隙像花岗岩内部那样较小、较疏，水流势必时常遭到阻滞；如果空隙分布像黏土和页岩内部那样密集却体积微小，下渗的每一滴水都会犹如囚徒一般被岩石微小碎片的分子引力束缚在气孔中，甚至比被磁力吸住的钢铁更不容易移动。

由于各地岩层的性质不同，降水量也有较大差异，含水层的深度也就因地而异。含水层的顶部被称为"潜水"，位于人们挖掘井水所要达到的基本深度。潜水的起伏与上层地形的起伏一致。当地面存在山地地貌时，潜水的水位就会升高；当地面呈现谷地地形时，水位就会降低。有时，地下水也会冲破河谷的薄壁，涌流而出，成为一股清泉，或是混入河溪湖沼之中。含水层的底部与顶部相距较近。与地球的半径相比，"地下水的海洋"也不过就是条浅浅的水带。许多较深的矿井能穿透整个含水层，打入干燥而遍布灰尘的岩层之中。

在勉强克服了摩擦之后，地心引力方能成功地将地表的流水引入地下的含水层。在地下水资源极其丰沛的亚利桑那州，下渗的速度 ❶ 可以达到每年1.6公里。该指标在全球的平均水平会低一些，约为每年数百米。尽管地下水流动缓慢，分布有限且成分松散，但在地球演进的恢宏剧目中，它注定要以饱满出色的表现成为众多主演中的佼佼者。

❶ 另一种理解是，地下径流的流速。——译者注

二、地下水的变迁

亘古以来，世间万物的变化都遵循最小阻力原则，地下水流也不例外。即使在流经区域的黑暗角落中，它也会极力探索出那些具有最小阻力的通道。如果地层中孔隙众多且较大、高度差又能满足运动所需的足够坡度，隐匿的水流便有了主要河道。如果地层中孔隙相对较为微小、稀疏，就会抑制水流流向更有渗透性的区域，使地下径流在既定的轨道内流动，如同河流被束缚在河道中一样。

地下水的驻足停留并不是一成不变的。当地下水前进的道路被不规则的地形拦腰截断，含水层便往往把它的乘客——地下水，归还给空气和阳光。清冽的泉水从山坡中汩汩涌出，滋润和养育了流经村庄的河流。随着时间的流逝，岩石在涓流的冲刷下逐渐磨损，山坡也慢慢失去了它本来的面貌，泉水就这样回归于最初的平静。这些从河湾中流出的细流，会慢慢变得更绵长；而它们中的强者也许会在沿途雕刻出微型的沟壑。一般来说，所有河流都有扩张流域的雄心壮志。因此，这样的情形并不少见：河流们对泉水创造出的水道加以利用，并将它们吞并。从地表侵蚀大军中逃离出来的水流，就在这个过程中慢慢被带回征伐大军的阵营。

说到最幸运的泉水，非裂隙泉莫属。裂隙悄悄隔断含水层，清泉就这样从裂隙中流出，"最平静泉水"的美称也因此诞生。一道小小的裂沟也许能让绵延的岩石忽然中断，也正因为如此，地下深处的含水层才能得见天日。如果压力充足，水流就透过岩壁上的裂缝不断冒出，这就是形成生生不息的清泉的根源。在沙漠的废墟上，泉水被视为上天给这片贫瘠土地的稀有恩赐，是大自然在与恶劣环境的斗争中孕育出的清澈凉爽的馈赠。棕

泉水。大气降水渗入地下
后顺岩层倾斜方向流动，
在遇到侵入岩体阻挡后，
承压水会露出地表，之后
形成泉水

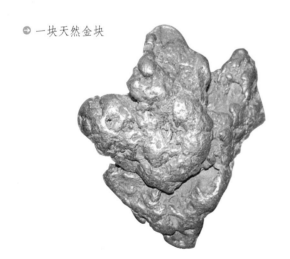

金币

一块天然金块

桐树舒展开它的手臂，巨大的叶片为波光粼粼的小水塘开辟了一片绿荫，也给疲惫的旅者提供了驻足休憩的场所。

名声响彻全球的裂隙泉不在少数，譬如蒙大拿州大瀑布城附近的巨大泉。这眼坐落在密苏里河河畔的清泉名副其实是从岩石里诞生的。地中海沿岸也存在着这样的涌泉，它们似海底喷泉般不断涌出。在希腊阿尔戈斯湾底部，即使周围充满无污染的盐水，淡水还是源源不断地冒出，直冲海面。

当重压下的地下水用管道引出时，人工裂隙泉便应运而生。整个过程最精妙的是流体静压头，正是它使水从出口流出，甚至不断涌出。我们把这种通过静压头开凿后自行喷出的地下水称为"自流水"。有些自流水的深度不足 30 米，但是有些自流水的引水构造却静静躺在距地表1600 米甚至更深的地方。自流水偶尔会疯狂地流动，带着热切的渴望去探寻向往已久的地面。

泉水总是能从地下带来一些独特的礼物。它就像潜行的盗贼，窃取了它蜿蜒前行的黑暗途中所有形态的矿物质。

在空气的蒸发作用下，压力的减小、二氧化碳的消耗及水生植物的过滤，打破了溶液的化学平衡，导致矿物质逐渐在洞口处形成沉淀。

由于原始水流流经的地层不同，沉淀物的种类也是丰富多彩的。如果某一地区石灰岩层众多，就会慷慨地给予泉水大量碳酸钙；如果泉水之前流经石膏层，那么极有可能产出丰富的硫酸钙；一些泉水含有氯化钠，则归功于富含盐质的透镜状地层。不仅如此，矿物质也让泉水变得多样：有些泉水富含二氧化硅，有些铁质比较充足，另一些则是碳酸和硼砂的含量比较高；有些泉水是酸性的，有些则是碱性的；有些泉水会产生高热量的蒸汽，另一些则会轻易地冻住人们的手。在某一个地方，泉水如新雪般纯净，从裂缝中汩汩流出；而换一个地方，泉水中散发出的硫化氢废气可能会污染乡村优美的环境。如果泉水一冒出地面就剧烈翻涌，我们便知道它饱含碳酸。有些泉水看上去无比纯净，实际上却隐藏着一片丰富的世界：稳定且稀有的氩、氦、氖和氙气静静地潜伏其中。即便是金属也会存在于上行的地下水中，比如我们熟悉的铜、铅、锌、汞、锑、砷、

⬇ 黄石国家公园。其于1872年3月1日被正式命名为保护野生动物和自然资源的国家公园，简称黄石公园，于1978年被列入联合国《世界遗产名录》

黄石国家公园卫星
鸟瞰图

金和银，它们在我们看不见的导水管管口处悄无声息地沉淀着。

怀俄明州西北角的陆地上坐落着一片脊柱似的高耸平原，旅者从这里进入黄石公园的奇特世界。在它的脚下，不断上涌的岩浆在迸出地面的那一瞬间尽情释放，然后逐渐平息。炙热的液体从固化的岩浆中喷涌而出，与雨水混合在一起，随即从裂缝中喷发，在地表形成绚烂的喷发景象。泛着青绿色和碧蓝色的渊潭清澈见底，在七色彩虹的映衬下慢慢沸腾，那是奇特绝美的晶体与一种未知的不安定分子在剧烈反应。表面分布不均的肮脏潭水散发出硫黄蒸气的恶臭味，缓缓升起的柱状蒸气就像月夜下奔向天空的鬼灵军队。

马默斯温泉地处黄石炼狱的北部边界附近。堆积着的石灰岩在阳光下发出微光，就像吹积而成的白雪。这些堆积物以一种奇怪的方式堆叠着，上面源源不断地流过灼热的石灰质溶液，仿佛诉说着它们从何而来。水流如瀑布般从堆积物上落下，在即将向下个层级流去的时候，水流便顺着下降的纵面铺展成薄

薄的水壁。这时候水流迅速冷却，也将其携带运输的矿物质析出。随着时间的流逝，矿物质不断积累，在台阶形的坡地上建起了一座座巨大的楼梯间。当流水跌落"楼梯间"时，便会形成一个个小小的水潭。

薄的水壁。这时候水流迅速冷却，也将其携带运输的矿物质析出。随着时间的流逝，矿物质不断积累，在台阶形的坡地上建起了一座座巨大的楼梯间。当流水跌落"楼梯间"时，便会形成一个个小小的水潭。

　　当温泉水富含二氧化硅时，矿物质会不断以凝胶状的形式在出口聚集，在这个过程中，微小的植物会附着在矿物质上，发出粉色、红色或金黄色的光芒。沉淀物的颜色会因环境差异而有所不同——在稍热的水中会呈现出乳白色，在稍冷的水中则显现出水绿色。然而即使在这样可怕的环境下茁壮成长的植物，有时候也要付出不可避免的代价。真正到了那一天，所有的色彩会慢慢褪去，二氧化硅也变成了如过熟奶酪般的模样。

　　在奇特温泉水家族中，最奇怪的当属被称作"间歇泉"的温泉水。间歇泉从深处狭窄的裂缝中产生。裂缝中的对流被严重阻碍，以至于热量在狭长的柱状水流中不能均匀分配，结果就造成了靠近底部的泉水比顶部的泉水更容易达到沸点，因此

密涅瓦阶地。是马默斯温泉最显著的特点，几百万年前马默斯地区底部的海水，为这里留下了厚厚的沉淀性石灰石

石灰山

著名的史托克间歇泉，约
4—8分钟就喷发一次

蒸汽在底部慢慢形成并增多，最终在出口之上形成一股水流。贯穿整个水柱的压力会因此而瞬间降低，大量的水流会瞬间转化为蒸汽。于是，间歇泉咆哮着喷出。

⬆ 老忠实间歇泉。位于美国黄石国家公园

　　并不是所有的间歇泉都像黄石公园的老忠实间歇泉那样稳定可靠。有些间歇泉断断续续地爆发，漫长而无规律的休眠期让人们难以捉摸它们的喷发时间。比如新西兰的怀芒古间歇泉，虽然看上去是一个不起眼的小池塘，却是一个不稳定喷发的间歇泉。在它的全盛时期，它可以将混着污泥的泉水用力喷射至457米的高空。尽管怀芒古间歇泉看上去无害而又安静，但是在无法预料的狂怒爆发中，不少没有防备的游客命丧于此。

三、地下水的漫延

　　暗流涌动的地下水于人类并无恶意，却对人类脚下的岩石虎视眈眈。虽然它们偶尔会探头出土，化作道道流水，但在大多数时候，它们都选择深沉地隐在幕后，坚守低调的本色。至于流水在地面上的那段短暂的惊艳时光，是夺人性命，还是起死回生，或是有赏心悦目之功效，则根本无关紧要。自然之力不会对人类抱有任何主观上的好恶之情，也根本不会在乎那些令人类悲喜交叠的细枝末节。

　　也许正因为自然的所作所为皆为无心之举，救赎和惩罚才会不偏不倚地与每一个人的命运联系起来。一次火山爆发会摧

🔽 美国西部侵蚀地貌

岩屑。一种火山碎屑物质，在火山的作用下，由火山通道围岩和基底岩石爆炸碎裂而成。岩屑形态不规则，主要取决于原岩的结构构造

卡纳纳斯基斯的一处堰塞湖。
塌方、地震等常使某地形成天
然堤坝，之后其堵塞水流形成
堰塞湖

毁一座城池，亦能造就一方沃土。尽管兴衰成败仅在一念之间，高大的火山却兀自伫立，不知悲悯为何物。那在岩层间蜿蜒前行的流水也丝毫不体察人类的感受，它们有时会为人类带来福音，有时则只是噩耗的信使。气焰嚣张的间歇泉肆无忌惮地奔涌而出，成为人类灾难的源泉。比起那些悄无声息地侵蚀着陡峻山岩的流水，它们的所作所为只能算是小把戏。毕竟，后者的威力足以使整面山体为之跌落谷底。尽管在地质变迁的恢宏剧目中，塌方只能算是一个小小的插曲，但其对于人类而言，却会演绎成一场无法一带而过的悲剧。

每当骤雨来袭，成堆的松散的岩屑便会聚集在山区公路的两侧。这些沉积物向人们展示了流水的力量：水日积月累地渗入陡壁的沙土中，使其松散不堪。岩屑所附着的基面多由黏土构成。当地下水位较高并浸透土壤时，黏土就会变得十分湿滑，而黏土基面上的岩屑也就顺着山势向下滑去，从而形成了公路两侧的堆积景观。再坚硬的岩石在流水的作用下也有可能发生松动，导致巨大的石块轰然崩裂。造访落基山脉的旅行者兴许

🔽 从韦斯特兰看到的落基山脉

会看见山体上触目惊心的伤痕，那是数次山体滑坡的结果，是繁茂的植被至今未能抚平的记忆中的伤痛。

落基山脉的弗兰特岭位于蒙大拿州西北部，是一道将不列颠哥伦比亚山区与艾伯塔省大草原分离的屏障。有能力逾越这道屏障的川流仅在某几处地方存在，恰是这些地方成了探险与商业活动的主要通道。数十年来，历史从这条轮廓鲜明的路中徐徐穿行，而随着历史走过的，则是现代自然灾害中一幕惨绝人寰的悲剧。

越过艾伯塔省的分水岭，便能发现一个名为弗兰克的小镇。小镇附近的地层中形成了富含煤矿的页岩层，其上方则堆叠了大片倾斜的石灰层，龟山的庞大山体便是从这块地面升起的。1903 年 4 月 28 日，弗兰克小镇和远西地区的其他矿区别无两样，龟山也只是一座平淡无奇的山峰。但就在第二天，浩劫从天而降。

麦克莱恩先生在弗兰克镇开着一家寄宿公寓，他平时都会早起。当天凌晨 4 点，天就快亮了。10 分钟后，麦克莱恩听见了不祥的响声。他立即冲到门边，就看见离他不到 1 米的地方翻滚着的乱石正如山体破裂一般铺

天盖地而来。没等他弄明白现场的状况，成山的砾石就已经冲到了门前。

　　沃林顿先生是一个矿工。和他的大多数同事一样，他当时正在工地的棚屋里睡觉。忽然，一阵冰雹撞击似的声响惊醒了他。棚屋开始摇晃，他立刻跳了起来。但不知什么东西砸中了他，令他昏了过去。直到听见小孩子的哭喊声，他才恢复意识。他发现，大概离他 12 米远的地方，碎石已经掩埋了部分棚屋。而在 6 米开外，他看见了自己的床榻。岩石碎片将他的身体割得血肉模糊，大腿也骨折了。但与其他大多数同事不同的是，他幸运地活了下来，并且讲述了自己在这次灾难中的经历。

　　人们根据幸存者的叙述，以及更重要的山村中满目疮痍的无声的证词，才得以还原故事的原貌。当时，雨水连绵不断，龟山岩壁上的孔隙和裂缝

都被异常充盈的地下水所浸透，随雨水而至的寒流使岩壁中的水冻结，强大的冻胀力使岩体发生松动，或许还因为煤矿区域发生的爆破，总之，山体的东坡就这么突然地崩裂了。两分钟内，2 立方千米的山体垮塌，滚入了乌巢口的谷地里。顷刻间，可怕的山崩便掩埋了小镇的大部分区域，还填塞了整个山谷，某些位置的填埋深度甚至接近 45 米。岩流穿江越岭，轰轰烈烈，一直涌到关口另一侧，直至又过了 120 米后才停了下来。

　　如今，当游客们行驶在曲折盘旋的公路上，穿越一堆堆厚厚的岩屑时，依旧能目睹龟山的巨型伤疤，许多和小型屋宇一般大小的块状石灰岩滚落在裂口的周围。在那片土地的某处，或许就埋藏着矿工的尸骨。对于他们来说，那个春日的晨曦所带来的，只是无尽的黑暗。

四、地下的"迷宫"

　　当我们放眼地层深处的岩石面貌就会发现，地下水在地面上的嗜血行径只是小试牛刀，岩层深处才是它大展才华的天地。实际上，在较为浅层的地下，流水的涌动算不上十恶不赦，充其量只是起到挖东补西的作用。可溶的矿物被地下水从某个地方搬走，又在另一个地方沉积下来。雨水一旦渗入地下含水层，就会失去侵蚀岩石所必需的碳酸。其下渗途中所窃取的矿物也会被任意地堆积在地层内部的孔隙和裂缝中。相似地，那些自地底缓缓蒸腾而上的气态溶液会在上升的过程中逐渐冷却，最终在冰冷的岩壁上析出负载的矿物。结果，这些备受眷顾的岩壁获得了一层坚硬的矿物质外壳，其强度得到了极大的提升；同时，矿藏的富集也纵容了人类无止境的贪欲。

　　然而，与石灰岩地区的多灾多难相比，提供矿藏的恩泽几乎无足轻重。在石灰岩区域，水携带着二氧化碳，将石灰岩这种不可溶的碳酸盐转化为易于溶解的碳酸氢盐。这种反应孜孜不倦地进行着，造就了一方地貌。这些地貌分布于美国的肯塔基州、田纳西州、印第安纳州、弗吉尼亚州、新墨西哥州，也分布于北美洲的尤卡坦半岛，亚洲的中南半岛、菲律宾群岛及法国的南部。在这些地方，岩层早已千疮百孔，犹如被昆虫蛀烂了一般。位于亚得里亚海东北岸的南斯拉夫的一些石灰岩地区根本不适宜人类定居。所有的案例都有力地证明：地下水即便是无的放矢，也能为地层带来满目疮痍。

石灰层的溶蚀过程遵循着特定的模式。近地面的各种侵蚀作用破坏了土壤和植被的保护层，令裸露的下层石灰岩暴露在雨水的侵蚀之下。溶解从容不迫地进行着，裂纹不断扩大，产生了许多较大的裂缝。当两条裂缝交会时，圆口形漏斗状的天坑的雏形便宣告出现，并且随着时间的推移不断拓宽、加深。随着裂纹的不断扩大，裂缝也不断增多，如天坑一般的下陷地貌也就不断地在大地上蔓延。

　　水流顺着下陷的天坑流向低处，也经由岩层纵向裂缝的通道流向更为深邃的地底。通常，石灰岩都是沿水平方向以层状的形式铺展开来的。于是，层与层之间的孔隙便为地下水提供

🔽 棉花堡。是土耳其的一个奇观，属于石灰岩地区

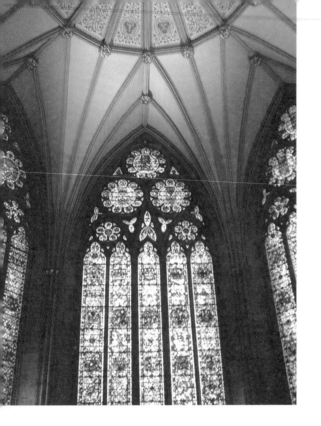

了更多的通道，在流水蜿蜒着穿过岩层的过程中，每时每刻都在撕咬着四周的岩体，最终在地表与水之间打出了一整套纵横交错的网状通道。正如卡律布狄斯❶将水手吸入死亡的旋涡一样，地下水道将地表径流吸引到一个错综复杂的迷宫之中。当横向的水道走廊逐渐扩大时，水道就演变成巨大的溶洞。地下河流从中流淌而过，呢喃着无声的歌谣。

寒来暑往，穿梭在地下的涓流一层一层地向下渗透，以至于上层通道中的空气变得相对干燥。水分常常从岩石的裂缝中渗入被径流废弃的溶洞的顶部。当它们化身水滴，从顶部滴落，或顺着岩壁淌下时，水体中的二氧化碳便会逐渐蒸发，从水中析出的碳酸钙则演变为大自然中最为引人注目的景观。钟乳石如冰锥般悬挂在洞顶，石笋则自地面探头出土，而倚壁而立的石柱则形似管风琴的大排管，又仿佛宏伟的古典石柱。它们都是典型的石灰岩地貌。除此之外，探险者还可能会在溶洞中惊奇地发现如哥特式窗户的精致窗纹、奇形怪状的冰封幽灵和巨大的伞菌，以及形似丛林野兽的拙劣雕塑品。

肯塔基州和印第安纳州境内流淌着著名的俄亥俄河。在河的两岸之下，埋藏着令人赞叹不已的地理奇观。层层岩层之中，连续的岩洞景观绵延 16 万公里，就像某种巨型昆虫所挖出的隧道。表层的土地接受着雨水的恩泽，富饶而平静，沿途几乎没有任何征兆能让旅行者联想到脚下土地的溶洞。假如当事人是一位敏锐的探险者，他也许会疑惑，为何附近的地表径流少得

❶ 希腊神话中吞噬船只的海怪。——译者注

可怜。我们不妨假设，现在他踏入了一处乱蓬蓬的灌木丛中，
灌木丛环绕着一块低地，地表很潮湿，蕨类和苔藓附着在岩石
的阴面。忽然，电闪雷鸣，风雨大作，他立刻躲进那片灌木丛
中，却意外地发现，那些由雨水形成的道道涓流正欢快地涌向
前方的归宿——原来，他正立足一座天坑的边缘。

这位探险者若是造访印第安纳州，便有机会遇见一条经历
丰富的河流。这条被称为"迷失之河"的河流的独特之处在于，
它不仅拥有一条地表河道，也同样拥有一条地下河道。当洪水
泛滥时，由于地下河道的容量不足以容纳骤增的水量，大量径
流便会涌上地表。不过，要在一年中的大多数时候，河流顺着
地势在地面的石灰岩坑洞中五进五出，方能成为一条持续流淌
在地表的径流。

在一座天坑的坑口观测一条宽约 14 米的河流的确是种一
生难求的经历。然而，如果不亲自造访这地下王国的伟大殿堂，
仍然不能充分领略其内部各种奇观的韵味。一位旅行者可以选
择从多个入口进入天坑内，印第安纳州的怀恩多特、马伦戈等
溶洞洞口都是不错的选择。不过，他更可能会循着一条经过肯
塔基州马默斯洞穴的知名路线前往天坑底部。

多年来，马默斯洞穴一直被人们冠以"西半球溶洞之王"的称号。尽管其地位遭到了近期在新墨西哥州发现不久的卡尔斯巴德洞的挑战，但马默斯洞穴仍能端坐于世界自然奇观的宝座，并且位居前列。溶洞在数个不同的岩层中绵延数千米，其内部的通道形态各异，小至连一人都难以通过的裂缝，大至恢宏如歌剧院的厅堂，不一而足。

当旅行者一路前行，闻所未闻的奇观便一个接一个呈现出来。有时洞顶向地面合拢，旅行者只得匍匐前进。而行至另一处时，他却发现身边纵贯着的竖井一直通向深不可测的黑暗。他凝视着深渊，脑海中回荡着有关英雄主义的传闻。尽管那些传闻的历史或许比深渊的底部更加遥远，但洞内游荡着的逝者的灵魂却使其成为现实的可能。

一条小舟停泊在"死海"的岸边。当水位降低时，被水生生物包覆的水底岩石露出水面，闪烁着诡谲的微光。产下鱼卵的白色无眼鱼在岩石的缝隙中潜伏着。小舟似乎飘浮在半空中，

🔽 马伦戈溶洞。印第安纳州最大的溶洞，被认为有史前人类在此居住

窥探着黑暗中的秘密。在远方，冥河正哀恸地低语着。 ❶

    所有彷徨都有结束的时候。一束黄色的光芒为狭窄的出口镀上了金边。光束渐宽，洞口渐大，洞外树木的枝叶已经依稀可见。旅行者蹒跚着走出洞口，地上的世界使他感到一阵眩晕。那一瞬间，他甚至觉得眼前的一切有些不真实。他任性地拥抱着蓝天，贪婪地呼吸着清新的空气，感受着无以复加的愉悦。他曾离死神那么近，却得以逃离。

❶　这里说的似乎是深渊底部的情况。——译者注

弗吉尼亚州的天然桥
(油画作品)

五、地下水的征程

在自然界中，万物皆非静止。灰岩坑 [1] 和溶洞都曾有过一段持续生长的时期。然而，随着时间的推移，在地下水的溶解侵蚀、岩体的碎石不断掉落的作用下，岩洞顶部被侵蚀得只剩下薄薄的一层。当洞顶被掏空后，洞底便会暴露在蓝天白云之下。在一些较为坚固牢靠的地方，洞顶的岩石或许能免于坍塌的劫难。这些地方后来便形成了形如拱桥的地貌，如著名的弗吉尼亚州天然桥。

随着流水的侵蚀，大大小小的灰岩坑构成一个网络。它们造就了奇异的胜景，也在很大程度上改变了岩洞的原貌。一条条短小的沟壑将高地之间的低谷切割得支离破碎，水流就循着这些沟壑，莽莽撞撞地闯入地下河道。就这样，整片区域变得越来越不平坦，也越来越贫瘠，最终成为一片不宜人居的荒地。

这段可悲的演化进程正在科斯地区轰轰烈烈地上演着。科斯地区的高原有如一片荒凉的草场，不羁的劲风是它唯一的牧群。除了一些较深的河流，石灰岩吸干了这片土地上几乎所有的径流。嶙峋的石山与潮湿的洼地交错铺展，使科斯地区的中部地带成为一片十足的荒漠。尖锐的岩石随处可见，岩体的表层没有植被的覆盖，只剩下一层支离破碎的外膜，那是由不可

---

[1] 又称漏斗形灰岩坑，是指岩溶地面上的一种口大底小的圆形碗碟状或倒锥状的洼地。——译者注

溶解的石灰岩红土构成的。奇怪的是，就在这片现代人避之唯恐不及的土地上，竟然留存着许多古代穴居人栖身过的洞穴的遗址。

　　倘若想要全面地了解石灰岩惨遭劫掠的图景，我们必须走过科斯地区，向东进行更为深入的探寻。放眼威尼斯城，遥想其当年的辉煌，我们仿佛能看到船只往来如梭的盛况。那些木船，作为整座城市的支柱，正是取材于亚得里亚海对岸喀斯特地区的茂密森林。然而，伴随着木材采伐而来的，是持续的土地退化。一连串的灾难就此发生。没有了植被的保护，地面表

● 威尼斯城的不同景观

● 喀斯特地貌

层的土壤很快便被雨水冲蚀殆尽。随着雨水的下渗和地下水位的上升，石灰岩的持续溶解亦破坏了地表的原貌。如今的喀斯特地区早已一片荒芜，被上帝与人类遗弃，甚至连成群的山羊也几近灭绝。回望往昔，它们也曾在这片土地上悠然信步。

在喀斯特地区，由于岩层由纯度极高的石灰岩组成，凹陷的灰岩坑也就变得巨大无比。其中一些灰岩坑的直径可达 800 米，深度可达 90 多米。当年地表侵蚀残留下来的土壤，大多都

填在这些碗状巨坑的底部。正是在这里，零星的人类聚落艰难地维持着生存。由泥土杂质构成的红色石灰土具有难溶的特性。尽管土壤只有薄薄一层，但其丰富的养料足以供作物生长。

在岩坑与岩坑之间，锋利的乱石如刀刃般凸出，其表面则像是布满裂纹的冰川。此处山石嶙峋、坡陡坎深，正所谓"一夫当关，万夫莫开"。每当发生降雨时，雨水很快便会顺着大大小小的岩洞渗入地下，以至于大片地区都不见地表径流的痕迹，也少有植被的踪影。在一些山谷的陡壁上，地下水会从阴森的穴居地中涌现出一段流程，但很快又会消失在石灰岩质的崖壁中。头顶着炎炎烈日，勤劳的原住民在这些地下水涌出的地点建造了蓄水池。

位于喀斯特地貌之中的层层岩洞注定要经历坍塌的宿命，整个地表的岩层最终会被流水溶解。当最底层的岩洞洞顶坍塌时，不易溶解的岩层将会露出地表，河流遂以庸常的面貌重新伸展开来。在地质运动的作用下，那些深埋于地下、已经腐朽的石灰岩的残余会在不经意间被抬升到新大陆的高处。然后，在孤寂与侵蚀的围剿下，最后的石灰岩也将烟消云散。至此，暗流涌动的地下水取得了最后的也是最完整的胜利。

第五章

冰师劲旅

从最悲观的角度来看，冰川顶多就是一串叨扰地球过于频繁的诅咒，而这串诅咒的影响总是不能长久——一旦诅咒被施下，解咒的那一天也必将来临。本应漫长的冰期时常被温暖的间冰期阻断，变得相对短促。

一、冰雪的考验

在人类的想象无法企及的遥远年代，太阳孕育了数不清的子代行星。在太阳所设定的范围内，行星群被赋予了遨游天际的巨大自由。在数不尽的蹉跎岁月里，太阳守护了整个太阳系家族的统一。系内行星以太阳为核心环绕在其周围，面对太空中各种致命诱惑的吸引，它们不为所动。

地球兢兢业业地追随着太阳，已有几十亿年的光阴。几十亿年如一日，慈祥和蔼的太阳不辞辛劳地呵护着地球，使其运

🌑 太阳系。是以太阳为中心并包括所有受到太阳引力约束在一起的天体集合体

转在浩瀚的椭圆形公转轨道上，免受各种灾祸的侵扰。地球能够孕育出生命，从而将自己与其他亿万个星体区别开来，其原因便在于太阳将光和热洒满了地球的每一个角落。生命因太阳的亘古不灭而代代相传。太阳辐射哪怕仅仅消失片刻，地球上的所有生命都将在大地母亲的怀抱里死去。

太阳也曾数度接近衰亡的边缘。那时，宇宙间致命的冰寒之爪无情地伸向地球，在刺骨的寒风中，冰雪覆盖了数不尽的绝望高地。这种现象在万有引力的驱动下，缓慢却广泛地蔓延开来，势不可当。大片绿地沦为冰原荒漠，那里的生物要么亡命天涯，要么命丧黄泉。而在所有肆意践踏地表的破坏者中，几乎没有谁能像冰川那样顺势而变、所向披靡。

不过，在众多的冰川中，也存在一些行动神秘、来去无踪的异类。自地球诞生以来，两极与赤道地区的主导气候都比较温和。尽管冰川活动时有发生，却依然只算得上是自然事件中的偶发状况。在大多数时间里，长期维持的广大冰盖是不存在的。

冰川对于大地的入侵常常来去匆匆，且其在时间和空间上的分布都极不规律。在早期历史上，尽管的确发生过大面积的土地遭受冰雪封冻的情形，但绝大多数受冻地区的地温仍然保持在冰点以上。而在冰雪的考验中，尽管不少弱者惨遭淘汰，那些生物中的强者总能存活下来，它们不断地发挥生命的潜能，并适应环境，终于盼来了大地回春的时刻。从最悲观的角度来看，冰川顶多就是一串叨扰地球过于频繁的诅咒，而这串诅咒的影响总是不能长久——旦诅咒被施下，解咒的那一天也必将来临。本应漫长的冰期时常被温暖的间冰期阻断，变得相对短促。因此，即便是在冰川活动最为肆虐的时期，其统治大地的时间和范围也是非常有限的。

为什么冰川会如此去留不定而转瞬即逝呢？为什么它有时肆虐于两极而有时猖獗于赤道呢？它究竟为什么会发生呢？为了解决这些问题，数不尽的惊世骇俗的著作纷纷而出，但是没有谁的解释能真正令人满意。天空、大气和岩石都曾被视为解开谜团的钥匙，但即使穷尽所有我们自诩先进的科学知识，冰川的形成原因至今仍是自然界的重大未解之谜。

为了解开这一谜团，研究者们以个人偏好为基础，提出了一系列举世

瞩目的假说。这些假说常常相互矛盾。为了捍卫自己的观点，研究者们争论不休。对冰川之谜的观测和探讨历经半个世纪却仍然众说纷纭，这只能说明没有一种单一的假说能有效地解决问题。在各种天文学、气象学和地质学猜想的迷雾深处，也许存在着一种涉及多个学科的综合理论能够解开所有的谜团。此外，由于科学家在不同的岩层中观测到的冰川活动迹象差别迥异，造成冰川活动的原因也并非是一成不变的，而是多种多样的。

作为最早尝试解释冰期的科学家之一，克罗尔提出了一个相对详尽的假说。他认为，冰期的出现是由地球公转轨道周期性的长短伸缩所致。当公转轨道接近正圆时，冬季与夏季等长；而当公转轨道拉长为椭圆形时，冬季可能会比夏季多出至少一个月的时间。克罗尔由此提出，当漫长的冬天接连出现时，短暂的夏季便难以融尽冬春的积雪，这样一来，大规模的冰川活动也就不可避免地发生了。

由于岁差❶对春秋二分点的影响，南北半球的冬夏关系大约每隔 13000 年便对调一次，冰川的位置无疑也会随之改变。当北半球处于冰期时，南半球必定沐浴在间冰期的温暖阳光之中，反之亦然。由此，克罗尔详尽地阐述了大气环流与洋流诱发冰川周期性发生的机制。但是，他并没有考证这种周期性的变化是否真的存在过。相反，时至今日，人们已经可以认定，在上一次冰期，地球上所有的大陆都曾同时遭遇气温骤降的情况，而非仅有某一个半球的陆地。此外，冰川活动的发生既不频繁，也不规律，并不是每一次地球公转轨道严重变形时都会出现。

还有一种假说试图将冰期发生的时间与地轴倾角最大的时间联系在一起，但是，依照该理论测算出的结果依旧与事实相

❶ 眺望视野下的冰川

---

❶ 岁差在天文学中是指一个天体的自转轴指向因为重力作用导致在空间中缓慢且连续的变化。——译者注

悖。另一种认为地轴位置曾发生转移的理论也同样站不住脚。倘若南极点曾位于印度洋中心，那么澳大利亚、印度和南非在古生代末期发生的那些剧烈的冰川活动便可以得到解释。遗憾的是，这样一来，南美洲应该横卧于赤道地区，但该区域恰巧也与澳大利亚等地同时被大面积的冰川覆盖。此外，得克萨斯本应该位于北极点附近，但那里却丝毫没有可以证明冰川存在过的证据。

尽管随着地质勘查的发展，各种假说纷纷遭到证伪，但在当时，理论家却无所畏惧，并坚持己见。近现代最为耸人听闻的地质理论，恐怕非A.L. 魏格纳❶的"大陆漂移说"莫属了。在这个假说中，他设想出一个远古时代的泛大陆——冈瓦纳古陆，它比当今的亚欧大陆还大。这块大陆由今天的印度半岛、阿拉伯半岛、非洲、澳大利亚、南美洲和南极洲联结而成，浩浩荡荡，浑然一体。当时，北极点很有可能处于某一特定的位置，从而使所有的古生代冰川活动都局限于南北纬45度之间的区域。后来，冈瓦纳古陆逐渐分裂。

那么，这些分裂的板块到底是如何做到在短时间内朝四面八方漂移的呢？这个由假说本身所引起的追问似乎比其试图解决的所有问题更为棘手。此外，该理论中明显蕴含着的极点移动的猜想，也着实令人生疑。地球就像一个陀螺仪，总是有一股强大的力量吸引着地轴始终向着同一个方向。倘若极点的位置骤然改变，整个地球的运动趋势也将使山河变色，甚至遭受灭顶之灾。由此推来，整个大陆漂移—冰川假说也就变得摇摇欲坠，站不住脚了。

埃尔斯沃斯·亨廷顿认为，太阳辐射的变化是地球气候变化的主要因素。虽然没有证据表明太阳辐射确实发生过足以令地球冰川爆发的剧烈变化，也没有证据表明这种变化的分布恰好与地表冰川的不规则分布相吻

---

❶ A.L. 魏格纳（1880—1930），德国人，1910年提出"大陆漂移说"，并在1915年发表的《海陆的起源》一书中做了论证。由于不能较好地解释漂移的驱动力机制问题，后因受到地球物理学家及持固定论的地质学家的反对而沉寂一时。20世纪50年代后，随着古地磁学、地震学、地层学、古生物学、古地理学及区域构造学等学科的发展和论证，"大陆漂移说"又获得进一步发展。

合，亨廷顿的观点依然引发了人们广泛的关注与探讨。还有一些天文学家提出了一种更笼统的猜想。他们认为，倘若太阳系曾处于某种星云状的混沌之中，那时，太阳便很可能曾暂时被黑暗遮蔽，其结果则是地球被笼罩在一片严寒中。这种理论同样缺乏事实证据，无法对冰期的成因给出一个令人满意的答案。

　　事实上，要编织冰川假说的谜网，我们的视野根本无须超越地球，放眼太空。在那些最为引人注目的理论中，许多假说的发生机理甚至根本没有超越大气层的范围。我们知道，空气中的二氧化碳阻碍了地表与太空热量来回传递的通路，能够有效地抑制极端气候的发生。由此，瑞典物理化学家阿累尼乌斯首次提出：如果空气中的二氧化碳含量大幅减少，则地球将迅速进入下一个冰期。的确，地球上存在着许许多多从空气中窃取二氧化碳的因素。植物的生长便需要吸收二氧化碳，因而有人认为，正是那些日后形成丰饶煤田的石炭纪森林引发了接踵而至的大冰期。张伯伦则竭力主张，是海拔较高的岩石吸收了

大量的二氧化碳，进而酿成冰期。遗憾的是，这些假说都没能合理地解释冰期与间冰期之间迅速且具有重复性的交替变化，而这正是冰期最为典型的特征。

因火山爆发而释放到大气中的火山灰会阻碍太阳辐射直射地球，这一事实开创了冰川成因的另一种解释。汉弗莱斯便反复强调，火山爆发很有可能是冰川活动产生的重要原因之一。然而在火山爆发的过程中，大量的二氧化碳喷发而出，它们阻碍了地球热量的消散，从而使气候趋于温和。对于汉弗莱斯的忠实追随者而言，这一理论几乎能解决所有想象得到的气候问题。但是，那些更为严谨的科研人员却对此充满怀疑，因为火山灰与二氧化碳的作用很有可能相互抵消了。

有关冰川成因的假说可谓众说纷纭，莫衷一是。然而，无论是"地球冷却说""洋流变向说""大陆抬升说"，抑或那些看起来精妙至极的理论，都被冷酷的事实接连攻破。尽管某些假说有幸窥得一线天机，却没有一种假说能全面地阐释事实。那些花在绝大多数猜想上的心血与争辩也都因此显得有所不值。冰川活动变幻莫测，它冲破一切肤浅的臆断，一举成为自然界中最为神秘的谜题。

二、冰川的生长

倘若人类提早几百万年出现，其对冰川所带来的后果的不解大概不会亚于今日人们对于冰川成因的不解。而倘若人类的出现推迟一些时日，恐怕历经沧海桑田，冰川的留痕也已消失无踪，更不用说去了解冰川活动的机理了。好在人类的出现实为不早不晚，恰好经历了地球历史上最为剧烈的冰川发育时期。人类因此有机会见证（如果愿意的话）并研究冰川消退的机理。格陵兰岛和南极洲至今仍沉睡在厚厚的冰盖之下，浮冰仍然持续地在北极冰冷的海域中积聚，山岳冰川仍紧紧盘踞于群峰之巅，其中还有不少甚至雄踞赤道南北。就连温带地区也并非想

⊕ 白雪覆盖下的南极地区

象中那般温暖。每当冬季降临，那里的生物便要同严寒殊死搏斗。在许多地方，冰与雪之歌自古便是永恒的旋律。

对于冰雪而言，通过液态水的凝结作用疏松土壤、爆破岩石，都只不过是小试牛刀。在一些地方，不少河流敢于切断初冬的薄冰。它们隆隆地擂起胜利的战鼓，却并未提醒世人，那冰封的锁链并非随时随地都能被冲破。漂浮在海面上的冰山常使人不寒而栗，殊不知那锻造冰山的力量更为残忍暴戾。与冰山不同，后者无意毁船夺命，而是以撕咬大地为乐。为了深入地了解冰冻的威力及它对地球命运的重大影响，首先我们必须深入地研究冰川。我们必须亲赴那些正在汹涌地流动着的冰河与冰海，并审视它们在大地上留下的恶毒的伤痕。

冰川生长必须依靠严寒的气候，即唯有在那些夏日的阳光无法融尽冬季积雪的地方，冰川才能发展壮大。如今，永久积雪区已经从高纬度的极地低海拔区域，扩展到高至约 5500 米且横跨赤道的高海拔区域。这种山岳冰川具有显著的边界，在雪线以上，冰川不断生长延伸，而在雪线以下，冰川便缓慢消融。

🔽 瑰丽的格陵兰岛，冰盖一直在改变着当地的风貌

看似矛盾的是，冰川生长同样依靠太阳。温暖的阳光使海水蒸发，增加了流动空气的湿度。这些暖湿气流受到高山的阻挡被迫抬升，冷却凝结并成云致雨。无论某一区域如何寒冷，没有高地就没有冰川。西伯利亚是地球上最为寒冷的地区之一，然而该地区之所以没有冰川发育，就是因为区域内鲜有阻碍气流流动的巍峨高山，致使冰川无法在此繁衍生息。

在盛行西风的北温带，山脉的迎风坡获得了绝大多数的降水。例如，北美的塞拉斯山脉和落基山脉阻断了来自太平洋的暖湿气流，由此而使冰川发育。与之类似，欧洲的阿尔卑斯山脉终年白雪皑皑，就是因为它抬升了东去的大西洋暖湿气流，使其冷却凝结，形成了降水。在气流方向与西风带相反的热带信风区，冰川发育的分布也刚好与温带相反。显然，位于低纬度东部海岸的山脉更容易发育冰川。然而，在南美洲大陆并不

漂浮在海洋上的冰山。对船舶来说是可怕的"死神"

存在一条绵延东海岸的山脉。于是，大西洋的暖湿气流掠过巴西的茂密雨林，一路西进，畅通无阻。直至被巍峨雄奇的安第斯山脉挡住去路，它们才停下前行的脚步，将雨雪倾倒而出。因此，尽管南北美大陆的西岸共享一条贯通南北的带状山脉，但是，北美山脉上的冰川形成于太平洋的水汽，而南美山脉上的冰川则来自大西洋的水汽。

人们有理由相信，地球上的冰川此消彼长的状态是通过一系列极度缓慢的气候变化实现的。如今，地球的温度与湿度调节系统是如此脆弱，以至于极小幅度的气候波动便会给自然界造成极大的影响。

人类历史的费解之处，似乎与人类对于世界的态度总是持续地改变有关。在过去，崇山峻岭一度未能吸引到那些求美览胜的探险者，那时，人们脑海里臆想出的鬼神压抑了自身与生俱来的好奇心。1760 年，德·索绪尔为那些敢于开辟通往勃朗峰 ❶ 峰顶攀岩路径的探险者提供了一笔丰厚的奖励，由此掀起了一股感受与欣赏大自然壮丽山河的风潮。登山者们在顺着既有路径挑战冰雪世界的过程中，收获了物质与精神的双丰收。正是在好奇心的驱使下，现代冰川科学才应运而生。

山岳冰川实际上是一条在山地冰床中缓慢流淌的固体河流。在今天看来，这一观点的正误已然是个常识问题。但在一个世纪前，大多数人还对此充满疑惑。1827 年，来自瑞士的一名教授在阿尔卑斯山脉的温特阿尔冰川中部修建了一座石砌小屋。随后教授发现，小屋会随着其基底的冰川缓慢地顺坡滑动。11 年后，小屋共向下移动了约 1436 米，即平均每天移动约 0.3 米。

关于冰川移动的研究仍在继续。在这位教授的发现公之于世之后，路易斯·阿加西随即开展了人类有史以来第一次对冰川移动的科学观测。1840 年，在同一块冰川上，他将 6 根结实的木桩插入冰面下 3 米深。6 根木桩被等距排成一条直线，横贯于山谷之间。没过多久，这条线就明显开始向下陷落。一年以后，阿加西仔细地测量了这些木桩的位移，从第 1 根到第 6 根分别移动了 48 米、68 米、82 米、74 米、64 米和 38 米。显然，冰川在移动，

---

❶ 阿尔卑斯山最高峰。——译者注

阿尔卑斯山位于欧洲中南部，是欧洲最高的山脉

而且冰川中间部分的移动速度几乎是两侧速度的两倍。

与此同时，在对勃朗峰上的梅德冰川进行研究的过程中，英国科学家福布斯也得出了与上述情形类似的结论。多年以来，福布斯一直持续着对阿尔卑斯山上的多条冰川的研究，终于，他得到了冰川运动速率的精确数据。运用这些数据，福布斯做出了一个著名的预测。时至今日，那昔日的案例依旧令人毛骨悚然，它使当时所有的欧洲人都对福布斯的研究成果的精准程度惊叹不已。

在 1820 年 8 月的一天，一个命中注定要发生不幸的日子，五名登山队员和八位导游试图翻越勃朗峰。当他们快到达山顶的时候，其身体的重量引发了一场可怕的雪崩，这群不幸的探险者被雪崩扫落而掩埋至山腰。他们中的十个人受到命运女神的眷顾，强烈的求生欲驱使他们自掘生路，得以大难不死。但另外三位导游就没那么幸运了，他们跌落至波松冰川顶部附近的巨大裂缝中，命丧万丈冰渊。福布斯教授曾预言，40 年后，他们的尸体将随冰川移动至冰舌底部。1861 年 8 月，刚好是那场可怕的灾难发生后的第 41 年，福布斯的预言应验了，现场令人触目惊心。在波松冰川底部一个远离事故发生地的冰川裂缝处，三位遇难者被冰冻肢解的头颅自其"冰墓"浮现。在那之后的四年里，遇难者身体的其他部位、破碎的衣物、绳子和登山杖相继出现在了同一地点。

阿尔卑斯山上的冰川与其他地方的冰川一样，都曾在活跃期与衰退期的交替中反复演进。那些开拓性的考察正是在短暂的冰川活跃期进行的。现在的阿尔卑斯山上，已经很少出现能够一天移动 0.3 米的冰川了。少数的阿尔卑斯冰川在盛夏的一天就能移动 12 米；格陵兰岛上的一些冰川甚至可以达到每天 18 米的惊人速度。但是，这些冰川不过是些极少数的特例。冰河世纪的丧钟已然敲响，地球开始再次呼唤温和时光的莅临。那些残存的冰川也许仍沉浸在短暂的胜利的喜悦之中，但好景不会长久。厄运降临之日，它们仍将难逃劫数。

三、冰斗与冰舌

    科学发现所引发的问题常常多于它们所能解决的问题，阿加西和福布斯的发现也不例外。科学家已经论证了冰山确实能够移动，但这又引出了另一个更为棘手的问题，即这种移动究竟是如何实现的呢？众所周知，冰体在瞬间强压的作用下十分易碎。那么，这种硬脆的固体究竟是如何在持续并渐强的压力下，如黏稠的糖浆一般流动自如的呢？

    1893 年，通晓天文但对冰川知之甚少的詹森博士在冰封的勃朗峰峰顶搭建了一个天文台。该天文台刚建成没多久便开始下陷。尽管起初有 7 米高，但 7 年之后，天文台的屋顶已被掩埋在皑皑白雪之下了。之后的 6 年，每年夏天都会有工人来清理积雪，开辟一条通往天文台顶层的通路。那时，天文台的主体结构已经深深地陷入地基下的流冰之中，就连詹森博士本人都已决定将其弃之不顾且毫不惋惜。又过了 3 年，当天文台只剩下塔尖暴露在外时，后知后觉的人们才把天文台从冰雪中挖掘出来当作柴火使用。而在挖掘的过程中，人们发现，冰雪下的天文台已经朝面向沙莫尼的方向下滑了许多，与山顶雪原移动的方向正好一致。

    这些位于山地最高峰或次高峰的雪原正是孕育冰川的温床。这些地区的冬季降雪量相对丰沛，以至于在夏日的光照之下，雪原中仍然保有一定数量的厚雪堆。当粉末状的雪花一层层轻覆在山堑顶部的凹地中时，底层的雪花往往会因为上层重力的挤压而重新结晶，产生一种新的混合物。法语中称其为"粒雪"（névé）。换言之，在现代科学尚未探明的过程中，雪花会在不断变化的压力的作用下逐渐演化出较大的如冰雹般的颗粒结构。

　　只要冬季的降雪量超过夏季的融雪量，粒雪层就会在重力的作用下顺着山坡缓缓移动，而其移动的过程很有可能是通过反复消融和冻结实现的。随着粒雪的不断扩张，典型的蓝色冰川开始在粒雪层的外缘显露。随着时间的推移，初生的冰川逐渐发育成长，它们横向扩张，也顺着山势纵向延伸。当冰川发育成熟时，它们便会驱散河流，盘踞河谷，其中的佼佼者甚至将目标转移到山谷之外，在被阳光融尽之前便攻取那些广袤无垠的山麓平原。

　　穿越雪原的冰舌由比粒雪更大的颗粒组成，其颗粒间的距离更短，紧密程度更高。尽管冰舌的移动速度比粒雪更快，但两者的移动方式大体相同。冰舌在雪原上恣意流淌，看似由某种黏性液体构成，本质上却依然属于固态物质。冰床的底部和

⬇ 俯视下的冰舌。冰舌区是冰川作用最活跃的地段，大部分也是冰川的消融区

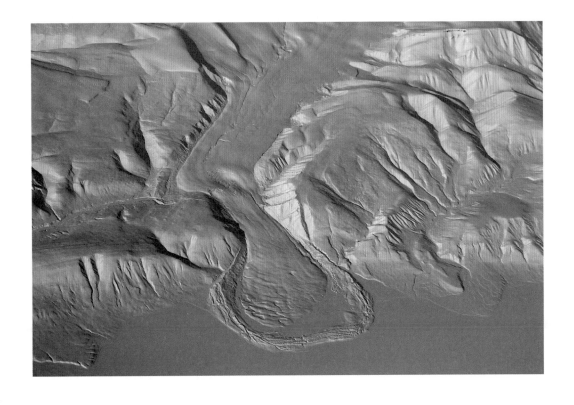

冰斗

侧壁都是不规整的基岩，当冰舌流过冰床时，两者间会产生巨大的摩擦，从而在基岩表面刻出道道沟痕。其触目惊心之程度，足以令那些被冰舌流动的假象所迷惑的登山者们大梦初醒。他们必须处处提防。那贪婪的冰雪深渊，随时都在等待失足者跌入它的血盆大口。历史证明，死神就潜伏在冰川裂隙的中心地带。然而，一位名叫约翰逊的探险家仍然勇于向冰川底部的死亡地带发起挑战。他明白，在冰渊的深处，除了危险还可能潜藏着某个答案，某个足以解开全世界困惑的答案。

这项危险的探索始于19世纪末20世纪初期。那时，关于冰川活动对地表的影响的长期争论已经接近尾声。一些科学家声称冰川能保护基部的岩石，另一些科学家则认为冰川是无情的刨蚀者。后者的观点如今已经广为人们所接受。而约翰逊则发现，山岳冰川的源头部位，往往栖息在露天剧场状的洼地中。

而没有冰川覆盖的山体上，并不存在这种洼地地貌。他一面惊叹，一面猜测，正是冰川本身掘蚀出了这些特有的洼地。为了消除心中的困惑，约翰逊身体力行，艰难涉险。经过一系列的调查，他最终庄严地公布了自己的发现：

"我能看见数不尽的冰裂隙，它们连接着大大小小的雪地，从上往下看去，整个场景就像一幅地图一样在我眼前展开。接着，我便发现了那条曾有瑞士登山者失足跌落的大裂隙。这条裂隙几乎与整个剧场形的微地貌的边壁平行，十分陡峭。仔细看去，裂隙内部的岩壁粗糙不平，支离破碎，但它们却能起到支撑整个对称的弧形裂隙的重要作用。那时，我的心中已经有了一个模糊的设想，我认为正是冰川塑造了这个天然的大剧场，也必然只有在富有冰川的山岳之间，才会出现这么多形如剧场般的有利于新雪积累的地貌。紧接着，我马上想到，这条弯曲的巨大裂隙也许会一直向下贯通，延伸到冰斗的边壁和陡坡的底部。而且在这条裂隙中，顶部裂口与底部裂缝相对应的水平分布之间，或许并没有什么必然的联系。

"我一边向下探去，一边测量裂隙的深度。在这条深约 45 米的裂隙中，上面 30 多米的岩壁上都覆满冰层，只有最后约 20 米的岩壁裸露出来。果不其然，裂隙朝下一直通到了崖壁的底部。我不敢说我身处的站立面就是彻彻底底的基岩，我也不敢说它是完全水平的。但是，在这深深的裂隙中，我确实得到了一席之地，而且，这块小空当也不至于陡到让人站不住脚。不过，这里到处都是大大小小的石块和冰块，给我带来不少麻烦。为了进行一些细致的观察，我不得不经常举着蜡烛爬上这些石块堆、冰块堆，然后被滴滴答答的雪水淋个湿透。所幸，在岩壁底部向上 1.5 ～ 3 米的地方，我还是发现了一线留痕。我确信，那就是消融的老冰川基底所留下的痕迹。

"在裂隙被冰川直接刨蚀过的一面，岩壁上的轮廓格外分明。尽管岩石质地坚硬，并未遭到侵蚀，却被硬生生地撕出许多裂口来。破碎的岩面上，每一处分明的棱角都是一次被刨蚀或掘蚀的结果。我还看到几块石头和冰块倾落，倚在对面的冰壁下。巨大的冰柱和石笋状的冰锥随处可见。倾落的石块上都覆有一层薄薄的冰，陡壁上的壁缝里也覆有这种冰层，因此，在这道裂隙中，到处都是冰雪融化的景象。那些壁缝中还有一层薄薄的岩皮,轻轻一碰便会脱落。"

　　这些极易脱落的岩皮表明,岩壁上的积水发生过反复的结冰与融化。冰水结冰和融化的周期很短,可能需要一天。而在大剧场形的冰斗侧壁外,在冰川表面,这种冻融周期则可能需要一年,具有季节性。凡此种种见闻,一言以蔽之,便是冰裂隙底部的弧形区域,以及冰斗侧壁上相应的弧形区域,两者都是发生相对剧烈的冰雪侵蚀的场所。不难理解,冰川的覆盖能起到保护岩层的作用,它使得基岩的温度总是处于冰点之下,从而使其免于温度的剧烈变化。因此,(尤其在夏天)如果冰斗的边壁暴露在冰裂隙的开口之下,那么岩壁的温度就会日复一日地在冰点上下来回跳跃。这样一来,冻融风化的作用就会变得集中而显著,从而使冰川侵蚀和搬运岩屑的效率大大提高。

🔽 冰川侵蚀使石块
支离破碎

结果，岩体不断流失，侵蚀不断加剧，冰斗也就越挖越深。

换言之，在冰川倾泻而出的雪原附近，那横亘山体的巨大裂隙正如一道难以抚平的伤痕。只要冰川依旧存在，伤痕就无法痊愈。每年夏天，灼热的阳光照进裂口，昔日的毒疮便会在冰霜的恶意中扩散。那裂隙的底部又仿佛潜伏着一只嗜吃的野兽，它不断地吞噬着被冻碎的岩屑，也吞噬着自周遭洼地里倾落的冰雪。待到它酒足饭饱、昏昏欲睡之时，便会拖着硕大的身躯，悠悠然顺山势而下。只有在冬天，丰沛的降雪会填补昔日的创口，一切才能恢复平静。但只要春天来临，病痛便会复发。这样年复一年，巨大的裂隙便会一步步地朝着冰川源头方向的山壁逼近，而冰雪之力也会同时一层层地侵蚀掉山壁底部的基岩。通过这种方式，冰川的底床不断加深，侧壁不断后退，并且直逼山脉中最险峻的峰峦。

诚然，对冰斗的形成过程人们至今仍存在诸多疑问，但探险家的成就依然不可否认。凭借着超群的胆识与智慧，约翰逊以冰川侵蚀作用最为活跃的地带为例，向世人揭示了该作用的部分机理。正是透过他的描述，人们才更深刻地意识到，那看似平静流动的冰川之下其实时刻都激荡着汹涌的波澜。

四、冰川爆发

　　一个世纪前，人们已经一致认为，冰川确实曾侵占过北半球无数的高山低地。而早在 19 世纪，那些如褴褛的衣衫般散覆在欧洲大陆上的沙石巨砾，就已引起了人们广泛的关注与推测。例如，红色的花岗岩巨石遍布德意志，与周遭的岩层组成大相径庭，却和瑞典红色花岗岩山体的组成惊人的相似。1815 年，虔诚的巴克兰将此番现象归结于大洪水的搬运作用。20 年后，

⏷ 洪积（奥维德《变形记》中的描述）

著名科学家查尔斯·莱尔提出，搬运这些所谓的"漂砾"的力量并非洪水，而是来自极地海洋中的冰山。相应地，莱尔拒绝称这样的沙石巨砾为"洪积"（即由流水堆积而成的物质）。而是创造性地将其命名为"冰碛"。脱胎于无数的观测与争论，"冰碛"一词幸得公认，并作为一个术语流传了下来。

① 冰碛。在冰川作用过程中，冰川所携带和搬运的碎屑构成的堆积物，又称冰川沉积物

1836 年夏，地质学家路易斯·阿加西已经确信，较之现今的雪线，阿尔卑斯山上的冰川必曾延伸至范围更广的区域。在对各地现存冰川地貌的归纳研究中，阿加西发现这些地貌都孕育了特殊的冰碛物及带有特定侵蚀节理的基岩。他由此确认，只有冰川才能创造出这种地貌。阿加西还观察到，在没有任何冰川活动迹象的不列颠群岛上，上述堆积、侵蚀地貌随处可见。他向震惊而疑惑的世人宣告了自己的革命性发现：冰川不仅在不列颠群岛上存在过，而且曾一度湮没了群岛上的每一寸土地。

尽管备受嘲讽和抨击，阿加西并没有在自己所开创的研究方向上踯躅不前。随后，他便确信，一块巨大的大陆冰盖曾从北欧大地上碾轧而过，正是冰川而非冰山将无数沙石向南搬运沉积，形成了冰碛。正所谓"有理行天下"，面对阿加西确凿的证据和有力的结论，反对者接连败下阵来。1846 年，他郑重地宣布：北美地区曾与欧洲同时遭受过大陆冰盖的掩埋。而在欧洲大陆，冰川侵袭的证据之多已经不言自明。自此，"冰河世

⏷ 格陵兰岛上的冰
川侵蚀地貌

纪"❶走进人们的视野，成为地球后期历史中极为重要的篇章。

历经四分之三个世纪的科学研究，路易斯·阿加西当年有
关冰川地貌的重要发现终于完整地展示在世人面前。如今人们
已经知晓，在过去的 100 万年间，地球上五分之一的陆地都曾
一度甚至数度沉睡在厚厚的大陆冰川下，一如今日格陵兰岛和
南极洲上的形貌。

这些冰川奇厚无比，以至于决定其流动特征的要素并非冰
床的坡度，而是冰体自身表面的坡度。即使是面对诸如阿迪朗
达克山这样千余米高的山脉，冰川也可以轻松地翻过。群峰上

❶ 冰河世纪，是指地球表面覆盖有大规模冰川的地质时期，即冰期。

的累累沟痕便是明证。五大湖北部的偏远地区散布着一些较小的湖泊，其湖底正是冰川的拔蚀作用所挖掘而成的。流动的冰川还卷走了土壤与植被，空留一片无垠的荒原，只身隐入苍茫混沌的地平线之外。

在加拿大，被冰川剥下的岩土沙石，最终在南方的密西西比河谷中找到了归宿。尽管五大湖南部的一些低地也曾遭受过冰川支脉的刨蚀，但在那里，冰川的流速已经十分缓慢，其在北方劫掠的岩块沙石也被卸下，散布在冰雪的南缘。从新英格兰到落基山脉的宽广区域，冰川卸下的碎石散落在大大小小的荒山野岭和冲积平原上，由于冰川的刨蚀，有些区域甚至下陷了 200 多米。许多河流的河道被强行变更，另一些则在冰蚀而成的低洼之地积水成潭。当冰川完全消失，全新的河道得以开辟，一度受困于阿加西湖区的湖水终得解放，它们注入哈得孙湾，一去不返，只留下一片辽阔而丰饶的平原。自此，昔日的湖区便成了美加两国极其重要的粮食产区。

当人们走近昔日退至冰缘以南的冰水湖，便会在湖底的泥层发现一些有趣的现象。这些泥层记录了大陆冰川在弥留之际的状态。冰川曾将细小的岩屑聚集起来，形成颗粒相对较大的黏土。当冰川退去时，这些黏土堆积在冰原上，形成了颜色深浅不同、泥层重叠的样貌。在夏季，冰雪迅速融化，湖泊的融水补给量大，大量相对细小的颗粒悬浮在水中，只有一些较大的黏土颗粒沉积下来，形成颜色较浅的泥层；而在冬季，融水减少，湖面封冻，此时那些颗粒较小的油性黏土才开始沉积，因而形成了颜色较深的泥层。

正如树木的年轮一样，深浅交叠的泥层也记录了往昔的岁月。随着冰雪的一路北退，冰缘的南端也不断形成全新的冰水湖。每一池湖水的底部都分布着交错的泥层，它们如碎石一般星星点点地散落在冰川北退的大道上。当德·吉尔男爵将散布在不同区域的泥层记录精妙地整合起来的时候，他发现，直到一万三千五百年前，瑞典南部的土地才破冰而出，而在德国，冰川消亡则始于大约两万五千至三万年前。运用相同的方法推算北美冰川的消亡时间，吉尔得到了相似的结论。

阿加西和与他同时代的科学家们将这些更新的巨大冰盖视为地球在冰

寒中濒临死亡的象征。那因为向宇宙散尽了所有热量而了无生机的月球，似乎预示着地球最终的命运。但在那之后人们发现，在古生代末期，南半球也曾经历了一场灾难性的冰期，却终究还是挺了过来。后来，在对加拿大南部的地质勘查中，人们在一些地质年代最为古老的岩层中发现了大规模冰川爆发的痕迹。这一切似乎表明，无论地球将何去何从，溺毙在一片冰雪之中都不会成为它最后的归宿。

五、来意不善的冰川

　　毫无疑问，神出鬼没而来意不善的冰川必定将不时地侵扰地球表面，祸及芸芸众生。倘若往昔之事果真可以照鉴未来，冰雪必将再度左右无数的生命轨迹，正如冰川曾一次又一次地降临在动植物的家园，对其中的弱者施以致命的折磨，并向强者发起强有力的挑战那样。

　　曾几何时，浩荡的新一轮冰川曾一举湮没大片的陆地，从而刷新了近期北半球极端气候事件的历史纪录。欧美地区的冰川沉积物向人们诉说着历史的踯躅。在大冰川最终溃退消亡之前，它们至少曾四侵四退。而当罪恶的冰爪还未伸向北国之前，那里曾是一片富饶宜居的土地，万物共生，其乐无穷。可惜好景不长，踏破冰川的骑士旋即滔天骇浪般汹涌而来，由两极向赤道方向发起猛攻，所经之处万物皆毙，生灵涂炭。富饶的天堂瞬间便沦为寸草不生的贫瘠荒漠。面对冰川的屡屡冲击，动植物只得节节南退，而当它们来到南方，又不得不与新环境中的土著生物展开殊死搏斗，以争夺宝贵的生存资源；每当冰川偃旗息鼓，动植物便又会发起新一轮的大回迁。拜温暖而漫长的间冰期所赐，在冰川卷土重来之前，许多热带地区的动植物得以重归北国故里。

　　在冰期与间冰期的交替轮转中，各地的气候全都变幻莫测，当地生物的命运亦随之大起大落。例如，为了适应新环境，有些猛犸和古犀牛长出了厚厚的皮毛，在冰舌的边缘苦苦鏖战；还有许多生物背井离乡，再也没能重归故土；麝牛在遥远的北方找到了一块远离冰川的土地，而野马、骆驼和狮子等其他一些生物则选择长久地定居南方。在持续的迁徙中，不少生物不堪旅途的艰辛而身死异乡；那些得以幸存的生物，自身也经历了深

⬆ 古大型犀牛

⬇ 古大地獭。生存于
更新世晚期的美洲

刻的改变。就连在受北极冰冻影响微乎其微的南美和澳大利亚，当地的大地獭和有袋类动物也纷纷消亡。而在大海中，冰川融化带来的低温足以使半数以上的甲壳类生物倾落洋底，陷入黑暗的泥沼之中。

在熙熙攘攘的迁徙大军中，似乎只有两种陆地生物成功地适应了更新世的纷扰，一种便是有着高度发达大脑的两足哺乳动物，另一种即追随前者左右的四足哺乳动物。这两种生物亡命天涯，面对种种艰难困苦，它们总能设法绝处逢生并发展壮大。而它们所经历的这些逆境，恰恰有力地塑造了这两个物种的历史。尽管人们对前者作为地球主宰者的崛起历程的认识包含着许许多多的推测与假设，但没有人能否认冰冻之力在其中扮演的重要角色。实际上，在第三纪末期的亚洲，早在大冰川出现以前，冰冻之力便已经开始塑造人类历史。

可以推断，在数百万年前，当人类的祖先面对着一个全新的世界时，他们也同样面对着许多史无前例的艰难挑战。喜马拉雅

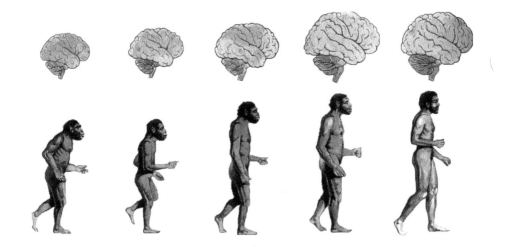

↑ 人类在进化中不断
强化的主要是大脑

山脉的抬升，使人类赖以生存的林地遭遇了灾难性的毁灭。寒冷干燥的气候将花果树木"驱逐"到相对温暖的热带地区。早在高耸的山脉将亚洲北部变为一座死气沉沉的寒冰炼狱之前，人类的族亲——无论是在思维上还是体形上都与人类出奇相近的猿类——颇有先见之明地逃往南方。它们的后裔至今仍在物产丰富的雨林中生活，并沉醉于享之不尽的香蕉盛宴。而人类的祖先则久久地踯躅在严寒的北地，放弃了前者的安逸生活。

此后，在漫长的岁月中，人类历史的重要章节缓缓地铺展开来，人类的各项身体特征也逐渐演化完成。在摆脱了丛林的束缚之后，他们伸直双腿，开始向未知的领域迈出步伐；他们解放了双手，开始从事复杂的劳动创造；他们的大脑飞快地运转，用以思考并解决身边的难题。接着，早期的人类渐渐掌握了自我保护的技能，过上了采猎的生活。在寒冰的恫吓中，他们又觅得了制衣的诀窍。这样一来，面对生存的竞争者和变化无常的气候，他们拥有了奋起抗争的力量。自此，人类便不再胆怯拘束、贪生怕死，而是勇于行走四方、浪迹天涯。他们还开创了公社体系，发展出雄辩的技能，文明之芽也悄然萌发。

人类的文明之果并非一蹴而就。此起彼伏的雪线冰缘使人类处于持续的迁徙之中。在这个过程中，他们中的弱者往往遭到自然的淘汰。当蓄势待发的大陆冰川最后一次发起全力的一击时，整个西北欧都被湮没在了广袤的冰雪之下。冰川所带来的酷寒与风暴使这块辽阔的土地变得不宜人居。亚洲北部尽管免于被冰雪掩埋的命运，却依然天寒地冻、人烟稀少。在这一轮寒流的侵袭下，那些曾一度抗住过往的无常气候的"钉子户"也纷纷败下阵来，开始了又一次迁居南方的大潮，他们像那些惨遭淘汰的羸弱之辈一样，被冰川秋风扫落叶般地驱离北国。此后，冰川终于开始缓缓退去。然而，日渐升高的气温却使得北非、阿拉伯半岛和中东的大片草场相继枯萎。无奈之下，那里的人类只得再次迁徙。在那些曾居住在中西亚荒漠的人中，一些来到中国、印度等地，另一些则在地中海东岸的绿洲扎根定居。后者与被冰川驱离欧洲的幸存者相遇，他们遂混居融合、繁衍生息。正是在艰苦与拼搏的碰撞中，早期文明才得以诞生。许许多多伟大的发现与发明由此衍生而出，成为人类受用不尽的宝藏。

　　随着气候不断好转，在埃及和美索不达米亚的河谷中，人们已然失去了奋发进取的动力。那里的文明随之日渐衰落，一向躁动不安的人类又开始大迁徙。在变幻莫测的世界中，凭借着与日俱增的适应力，他们追逐着冰川退去的脚步一路北归，其所到之处，文明之花相继绽放。及至中世纪，大帝国纷纷兴

⬇ 古希腊时期，女人们的日常生活场景

起，其燎原之势直至遥远的法兰西。文明之光照耀了大不列颠群岛、斯堪的纳维亚及地球上同纬度的其他区域。

　　也许正如斯特凡松预言的那样，冰川必定会卷土重来。毫无疑问，北方的温和地区依旧暂时是人类文明悠然发展的天堂。在冰雪的南缘，肥沃的土壤高高堆起，当地的气候至今仍保留着些许昔日的霜寒。只要冰川还未南下，人类文明便能在这片沃土上继续繁荣兴盛。当然，没有人能够确知，冰川下一度的回归究竟会在何时何地。但可以肯定的是，历史总是惊人的相似。当我们回望格陵兰岛和南极大陆上的冰盖，那苍茫的白雪不仅象征着过去，也预示着未来。在一片沉寂中，它们已然做出了无声的宣告：不可阻挡的冰川之力终有一日必将强势回归。

○ 古巴比伦文明的代表——巴别塔

第六章

贪婪的海洋

用科学征服世界的路走得很慢也很费力。海洋到底有多深至今还是无法测量和实验出来，许多深不可测的洞穴还是像谜一样，因为证据不足或是没有铁证反驳，所以依然困扰着人们。

一、贪婪的海洋

　　犹如一层又一层的人群紧紧地围着舞台，海洋包围着陆地，等待着一场争斗的开始。这个巨大的家伙在战场的外围，怒气冲冲、焦躁万分，它渴望走向战场，却无力进入。它要是意识灵敏，也许就能知道，将来的某一天，它会从胜利者手上夺走它们的战利品。风、河流与冰山终将会把战利品交出来，填充海洋那贪婪无底的胃口。如果说死亡是生命的终结，那海洋就是死者奋斗的休止符。

　　海洋不仅是坟墓，还是生命发源的地方。荷马曾认为海纳百川，但他错了。后来他称海洋是万物的始终，他才对了。海洋这样强大的蓄水库，一方面供给着近海水域，一方面又是这些水域奔流的目标。这些水通过各种作用，在陆上呼风唤雨。自古以来，海洋涌流带走太阳辐射的热量，形成不同的气候，各种各样的生物坚持不懈地在浅滩上生长繁殖。海洋间接地促进地球的发展，比起任何在地球发展的舞台上发挥作用的其他事物都毫不逊色。

　　过去的多数时候，海洋并没有静静地躺在自己的温床上，满足于自己对陆地的微小影响。它一次又一次地翻越大陆高原的拦阻，把巨大的海浪冲向低洼的盆地。在这些浅海海域积淀下来的沉淀物慢慢硬化，就成了今天遍布在大片陆地上的岩石。现在的陆地特别高，只有哈得孙湾和波罗的海才能让我们回想起那曾经大范围、长时间使用的水运航道。即便在今天，深深

古希腊诗人荷马

的盆地水位也是满到几乎能造成洪流，哪怕水位稍稍往上抬，也常常会在陆地上形成一片泛滥的汪洋。

　　我们要考虑到宽阔的陆地轮廓，了解轮廓上那将海洋与陆地分隔的纤细的等高线。如果取陆地上岩石的平均高度，陆地将会比海面高 701 米。同样，如果取海洋盆地的平均高度，海底至海面有 3962 米。换句话说，陆地和海底相差大约 4828 米。而最高山脉（珠穆朗玛峰，8848.86 米，2020 年测量）与海底最低点（施维雅低点，10792 米）之间相差略多于 19312 米。

　　地球的半径那么大，这些主要的地形特征与地壳上那些不规则运动相比，就显得没那么重要了。地球内部轻微一动，陆地上也会形成海洋。单单其侵蚀作用就能将陆地腐蚀，这些陆地的残骸倾入大海，整个地球将会出现一片约 3200 米深的汪洋大海。

　　陆地表面高度降低三分之一，贪婪机灵的海水便将其吞没，但是如今陆地依然露出海平面。浅海水域的海水常常漫过陆地，但陆地还是在时间的沧桑中保持了自己的整体性。

　　用科学征服世界的路走得很慢，也很费力。海洋到底有多深还是无法测量出来，许多深不可测的洞穴还是像谜一样，因为证据不足或是没有铁证反驳，所以依然困扰着人们。只有关于陆地形成的传说最为严肃、不可推翻，自从柏拉图第一次告诉世人阿（亚）特兰蒂斯（传说中沉没于大西洋的岛屿）的故事开始，每个时代都会有很多人相信它。

　　海洋探索的展开，打破了人们对虚构岛屿的幻想，但是阿（亚）特兰蒂斯的传说依然保留了下来，人们简单地称阿（亚）特兰蒂斯沉没了。有人相信这个传说，不仅是因为它正中神秘主义者的下怀，还因为它作为海洋与陆地间迁徙的桥梁，帮助人们解释了彼此紧密相连的陆生动物是如何分散在世界各地的。尽管还有很多说法解释彼此相关的生物分布，就如澳大利亚袋鼠与美国负鼠，很多人还是相信"陆地沉没"一说，相信阿（亚）特兰蒂斯甚至更久远的冈瓦纳古陆曾经存在。

　　奇怪的是，伴随人类认识进步而来的，是越来越多的假设——人类提出一堆问题，远比自己能解释的还多。陆地和海洋盆地密度的不同得到了证实，但想象大如陆地的海底曾是多么干燥的陆地却实属不易。更不可能的是，这大块的陆地曾处于地下深不可测的地方。大陆的海洋沉淀物总是那些浅水航道里的硬泥、碎沙石，埋在里面的化石则是这些浅水里的生物遗体。除去火山岛偶然出现或消失的现象，大陆与海底相互交换一说，不但没有直接证据证明，还和已存在的证据相悖。尽管尚存争议，越来越多的证据证明，地球在有地质运动史之前就已形成基本的构造，自那时起，大陆和海洋盆地共同构成了最初的陆地轮廓。

🔵 海底文明遗迹，位于大西洋，有人认为可能是阿（亚）特兰蒂斯

二、一只顽固的怪物

⬇ 杭州的钱塘江大潮，世界三大涌潮之一，因天体引力、地球自转和当地特殊地形而形成

海洋的欲望从来没有得到完全满足，它就像一只顽固的怪物，一直想要吞掉陆地。我们今天可以看到，海水一级一级地漫过陆地，浸在岩石的下方。无情的海浪从不停歇，拍打着长长的海岸线，尽管它的努力最终还是徒劳的，却是强大的掠夺陆地者的一员。

三种运动激怒了这个深不可测的家伙，这也正是它一切力量的源泉，其中作用最弱的是潮汐。海水受太阳和月球的共同作用形成了每天的潮汐，它对陆地的影响很小，只有在狭窄的海湾，海水才能冲上岸来。像芬迪湾这样的出海口，河流冲刷造成海洋涨潮退潮，每天就可以将狭长的入海口的海水沉降或抬高9—15米。强大的涌流裹挟着沙石，冲刷着河床，改变着河流的形状。风吹拂着海岸，形成了其他涌流，这些涌流大多数时候所做的事情是冲运由其他力量造成的碎片。在海洋的运动中，只有海浪才是海岸线的重要雕塑者。

在北大西洋那粗犷的海岸上，海洋和陆地常常展开搏斗。东北风猛烈地吹刮着缅因州的花岗岩海岬，海浪像夹杆锤一样有节奏地拍击着岩石，一个接着一个翻腾过来、撞散，沉入到翻滚的浪花泡沫中。像破城锤一样，它们撞裂悬崖，钻进悬崖的缝隙中，回流时再将大块碎石带到海里。尽管岩石坚固，但是缅因州的坚硬壁垒也不能抵挡这样重复无休的风暴般的冲击，于是便慢慢地崩溃、后移。

英格兰一向以掌控海洋而自豪，讽刺的是，海洋向它索回了这些傲人的成果。多佛尔海峡（英国东南部港口）的软白垩崖以每年4.5米的速度后移。而英吉利海峡对岸的瑟堡（法国西北部港口），在1836年，单是汹涌的海浪就将防浪堤的3.5吨砖块抛至6米高的高墙上空。约克郡那长长的海岸线已被海浪侵蚀，部分海岸线自罗马帝国开始后移了3200多米。北海边上接近大雅茅斯的丹维奇小镇在11世纪时曾是一个很大的海港，到16世纪时，它几乎被海浪吞噬掉。海浪一视同仁，忽视森林、草地、民居、教堂、市政厅和监狱。墓地敞开，任其神圣让小鸟亵渎。尽管一些后代将城市的名字保留着，并保存着对城市的记忆，古代的繁华城市在今天也很少留下痕迹，除了它的传统。

和丹维奇小镇有着同样命运的还有许多其他地方。也许，历史上最鲜活生动的海洋侵蚀例子曾是北海易北河（欧洲中部河流）口的黑尔戈兰岛（欧洲北海东南部德国岛屿），它是如此快速地被完全摧毁。海浪侵蚀着脆弱的砂岩，公元800年时侵蚀了黑尔戈兰岛193公里，到公元1300年，侵蚀了72公里。1649年，岛的周长缩短了约13公里。后来，这个徘徊在消失边缘的命运多舛的小岛才得到人类的搭救。德国将其作为军事基地而据为己有，用坚硬的水泥墙将其围住，这才阻止了海洋对其致命的摧残。

劲风翻腾的海水磨蚀着陡峭的海岸，将一级级的海岸和洞穴冲蚀掉，直至突出的岩石崩塌下来。像担架员将伤兵从战场上运回来一样，回流和沿岸流将冲蚀掉落的岩石搬运回海洋。海浪一次又一次地冲击着海岸，悬崖就一点一点地后移。在冲击力小的区域，海浪很少将海岸冲刷成海湾，海岸线也因此变得不规则。海岬两边最先出现小洞，受侵蚀后扩大，再形成拱。拱一旦坍塌，断裂的岩石掉落在海滨前方，

⬇ 多佛尔白崖，位于英国英吉利海峡比奇角，是一片长达5公里的白色悬崖。悬崖的最高点在比奇角之上

会在海上堆积一段时间，任海浪在它脚下拍打冲刷。但是，疯狂的海洋不会就此罢休，这些掉落的碎石终将会被（海浪）粉碎、吞没。

悬崖被侵蚀后退，原来的陆地组成了浅海域的岩石面。在这长长的岩石面上方，海浪和回流总是将沙石来回冲刷，直至其进入深水区。海滨陆地不断被侵蚀，海洋则不断堆积着沉积物，大陆架因此越来越宽，直到可能成为一个大平原。这样形成的大平原，在地球自身震动中慢慢抬升。今天我们在挪威西部、西班牙北部和印度东部见到的就是这类平原。

好望角海岬，在非洲西南端，
濒大西洋，惊涛骇浪长年不断，
因此这里成为世界上最危险的
航海地段之一

三、被吞没的陆地

没有人知道大海的巨腹中到底吞噬了多少陆地。古往今来，作为其食物供应者之一，潮水只做出了极少的贡献。从地球上吹起第一阵风、落下第一滴雨开始，便有许多外部力量在不分昼夜地侵蚀着陆地，然后送进大海的巨腹中。无论是何种力量将泥沙从原处刮走，无论其间需要多少征程，泥沙最终都会到达它的目的地——大洋深处。可能也就只有地球灾变会摧毁所有的变化，回归最初状态。

泥沙跨过高山，最后要进入大海，它们在沙滩上久久徘徊，迟迟不肯离去，极不情愿地接受命运的"末日审判"。潮涨潮落形成的潮间带，最宽处仅有 800 米，但它的长度却等于全球海岸线的总长。日夜不息的潮水冲刷着这里的泥沙，形成各式各样的沉积物。水流蜿蜒在海岸上，带走细小的泥沙，悬崖的凹处成了这些泥沙的天然屏障。在海浪和回流的冲刷下，这些沉积物渐渐堆积成新月状的海滩。尽管大多数的海滩都是由泥沙沉积而成，但有的海滩却堆满手掌般大小的鹅卵石，在碎浪猛烈的拍打下高高隆起，留在海滩上。在一些坡度较缓、海潮初涌的沙滩上，静静地流淌着几处远离陆地的潟湖❶与一些类似狭长岛屿的近岸堰滩和滨外沙坝，潟湖将岛屿与陆地分离开来。

---

❶ 潟湖指浅水海湾湾口被泥沙淤积成的沙嘴或沙坎所封闭或接近封闭的湖泊。

海浪和水流乐于破坏、乐于塑造，不知疲倦。沙滩上不规则的外力迫使沿岸的水流进入深水区，流速下降，携带物也因此沉淀下来。外围的沙滩为大海贡献了许多食物，包括沙滩上的装饰物，都被海水昼夜不停地改造着。沧海桑田，大海可以用自己的力量从陆地分离出一座岛屿，下一刻又可以让岛屿回归陆地的怀抱。直布罗陀巨岩就是它最出色的作品。

确实，没有什么比海洋和陆地在物质上的交流更能阐释大自然那躁动的力量了。海滩上瞬息万变，万物都会随时间的流逝在下一刻以其他形式存在。地球上的沙洲每年以约 60 米的速度增长，但也可能在激流的瞬间作用下遁于无形。一片沙滩可以在短短数十年的岁月里产生，然后消亡。只需一个风雨交加的夜晚就能让一个地标从地球上消失。地壳运动又在另一面记录了大自然躁动的力量，它无时无刻不在进行着，对于全球每条海岸线的演变而言都意义非凡。

尽管人类在有限的生存范围内有着极强的破坏性，但他们通常还没有达到能与地质破坏力相匹敌的境地。然而也会出现一些比较特殊的情况，如位于得克萨斯州墨西哥湾的一个海岸线地带，人类在这里可以像个无所不能的上帝一样改造一切。曾经这片海域中地壳运动频发，人们在陆地与墨西哥湾之间修建了许多滨外沙坝和潟湖。随之而来的是地面的下沉，低洼地带由此被淹没，扩大的潟湖面积差不多有一个加尔维斯顿湾那么大。这里风景独特，其西北角有一处小海湾，叫圣哈辛托湾，可以给人们提供惊险刺激的探险体验。

1917 年，人们在河口处开发了一个产量丰富的油田。在接下来的 8 年时间里，这里开采出了约 100 万桶的石油，以及天然气、水和泥沙。仅仅不到一年的时间，人们就意识到，对地下物质的过分开采会导致该地的中部区域不断下沉。因为海水倒灌，铺板路和钻井台就必须建高，近 1 个世纪以来，这里的陆地植被为牛、羊提供了优质、新鲜的牧草，然而由于咸水渗入根部，这些植被相继枯死。

人类对得克萨斯州的影响是小范围的，而大自然对地球的影响则是大范围的。地球上绝大多数的海岸线一直处于上升和下降的过程中。南加利福尼亚州的海域近来在经历一系列地壳上升运动后，海岸上出现了一些浪

得克萨斯州的加尔
维斯顿港

蚀阶地，而这些地壳运动上升的幅度很大，可升至海平面457米之上。缅因州的海岸地带却经历着截然相反的变化：地壳下降。由此，河流变作河口，丘陵演变成岛屿和外延的海岬。

同河流和人类一样，海岸线在其诞生到死亡的过程中总是朝着适合自己的方向发展变化着。海岸在海水冲刷作用下形成了不同的地貌，因此导致了所有刚被淹没的海滩都呈现出不规则的形态。所有海湾、海岬和岛屿都是陆地下沉运动过程中留下的痕迹。外露的海岬总是容易受到海浪的侵蚀，浪花带走悬崖上坚硬的石头，冲刷着浅湾松软的地方，海岸线变得更加不规则。被回流冲走的松软岩屑最后沉眠于深水区域，这里是巨浪到不了的地方。随着时间的推移，岩屑不断堆积，海岬不断延伸并形成新的海滩。在沿岸流的不断作用下，沙滩逐渐后退并形成海湾。海浪不断冲刷，使得海湾逐渐超过海平面的高度。

水流不断改变着海湾口各式各样的沉积物，海浪冲蚀着临海的峭壁岩石，河流在入海时孕育出新的三角洲。海湾朝着海洋和陆地的方向后退，弯曲的海岸线逐渐变得平滑。当海湾被沉积物和植被填满、滩坝和沙滩将海岬连成一片时，海岸线就进入了成熟期。之后，悬崖以接近直线式的方式后退，潮水以极快的速度冲刷着松软的岩石，悬崖不断地朝陆地方向缩进。大海的触角一直在前进着，海浪在浅滩上翻滚着做最后的挣扎，摩擦作用让长途跋涉的浪涛逐渐失去了奔跑的力量，沙滩面积随之扩大。与此同时，海岸线地带重新回归平静，不久之后，新一轮演变又开始了。

地壳运动让一部分海底上升，变成陆地，而海岸地带却要经历一系列截然相反的演变。微微倾斜的平原一马平川，边缘连接着海岸。海水冲破地面，喷涌而出，形成许多裂井。接近碎浪区的地方，滨外沙坝很快耸立起来，高度远在高潮水位之上。沙坝一面朝着大海，一面向着潟湖，暴风雨将朝向大海的沙坝吹落，然后把这些碎屑刮到对面，填充潟湖。得克萨斯州的加尔维斯顿港见证了这股罕见的神奇力量，港口同样修筑在沙坝之上，1900年那场飓风携带着巨浪从街上咆哮而过。

沙坝朝海的一面不断被外力侵蚀，朝陆地的一面则不断有沉积物堆积，这样的一增一减使得沙坝缓慢地朝大陆方向移动。与此同时，潟湖被沉积物填满之后逐渐演变成潮沼。最终沙坝和潟湖都在潮水的作用下消亡了。

海岸地带走到了生命周期的成熟期，海水开始肆无忌惮地冲击着陆地，悬崖上的石壁被侵蚀之后，大海的触角又延伸了许多。随着海洋不断朝陆地前进，生命周期得以终结，这一过程同海岸下沉的过程如出一辙。

四、浅海区的世界

　　碎浪区不断朝着大海的方向远去，位于海底的海陆交界处开始等待接纳陆地的杂物。这片陆地边缘地带的平均宽度大约有 120 公里，但每个地方宽度不一，最窄的在南加利福尼亚州，有 8 公里；最宽处位于北极圈内西伯利亚海岸，有 482 公里宽。这里地势一般较缓，坡度差不多在 1/10 到 1/6 之间，以至于潮水退去之后，露出海面的那部分十分平坦，如同平原一般。在这片区域靠海的边缘，水深约 90—360 米，平均深度达 180 米，再往外去就是海盆，深度急剧下降。

　　大陆架是海陆交界处的无人区域，各种猛烈的外力作用到了这里之后开始平静地沉淀下来，来自高山的尘土最终在这里落脚。多少年风吹雨打、沧海桑田，不与海盆求平起，不与高山求比肩，这里是灿烂的天堂，但也是暗无天日的深渊。

　　海浪和流水蜿蜒在大陆架上，泥沙在海水的冲刷下一层一层地覆盖在海滩上，而那些较轻的泥土则流向了较远的海域。在极少数的情况下，颗粒较大的泥沙会被冲到离大海约 16 公里的地方，而细小的泥沙却选择停在了海岸边上。就算地壳运动使得地面下沉、海水入侵，也不能阻止这些泥沙在陆地上的沉积之路。泥沙随着时间的推移逐渐凝固成岩石，然后从地下慢慢露出地表，基本上所有常见的岩石都是由这些泥沙组成的。地壳运动使得人们有机会在山顶见到这些曾经存在于海里的岩石。走过了地下的沉寂岁月，岩石们又要开始遭受新一轮的风吹日晒，毕竟地球的运动是生生不息的。

有研究表明，很多海洋的浅水区域常常会出现一些石灰岩沉积物，因为有些河水里面溶解的碳酸钙汇入海里之后形成了一些碳酸钙沉积物。这些碳酸钙沉积物往往由几种不同的物质组成，但它们到底从何而来还不得而知。这样的现象很有趣，却让人很不解。有几种介质被发现可以起到稀释海水中的二氧化碳含量的作用。在稀释的过程中，海水的碳酸钙含量是处于饱和状态的，这时石灰泥会沉到海底。水汽蒸发、温度上升或者仅仅是一场暴风雨都能将水里的二氧化碳带到空气中，并让一些碳酸钙以固体形式沉降下来。另外，一些细菌可以通过释放氨和二氧化碳来达到同样的效果。海洋里一些植物以吸收二氧化碳为生，它们也可以在海底生产一些石灰岩沉积物。动物的骨头由碳酸钙组成，它们死后的尸骨产生的碳酸钙比植物要多得多。

一些石灰岩沉积物似乎只是无机物相互作用的结果。罗讷河为地中海带来了大量的碳酸钙，这些碳酸钙不断沉积而形成了岩石。巴哈马群岛几千平方公里的浅水湾都积满了这些细小的白色石灰泥，但它们的来源却依旧是个谜。尽管海水里细菌丛生，人类仍然无法找到沉积物的有机结构。这些石灰泥的沉积到底是由于酷暑高温、海水蒸发，还是由于细菌释放的氨，始终是个争论不休的话题。

石灰岩有机体在墨西哥湾及加勒比海岸非常常见，此处，大自然展现了巨大的生产力。这里气候温和，岸边水流带来丰富的食物，数不尽的各种类型的甲壳动物都能在此生存。然而尽管受到大自然的眷顾，它们也会有灭亡的那一天，电波般丰富鲜活的生命下即是那些逝去的生命的坚固坟墓。能分泌石灰质的软体动物、棘皮动物、蠕虫、珊瑚及海藻的残骸在岸边高高堆起，经碳酸钙的溶解和沉淀形成了石头。纵观古代岩石记录，可以发现很多岩石的组成部分都包含此类海洋生物的残骸，而有些石头则几乎全是由残骸组成的。

最大范围散布的石灰岩有机体是南部海域的珊瑚礁，从珊瑚礁脱落的碎体则覆盖了更广阔的区域。在过去，大部分海域都比较暖和，珊瑚到处

⬆ 巴哈马群岛的浅
水湾，其底部的白
色石灰泥十分显眼

都可以生存。

　　由于大陆晚期冰盖的融化降低了北半球海域的海水温度，这超出了珊瑚的生存能力，结果珊瑚只能在平均温度为 20 摄氏度或高于 20 摄氏度的热带及亚热带海域生存。珊瑚对淤泥和淡水也比较敏感，因此在海口或是海浪能搅动海底泥沙的地方都难觅珊瑚的踪影。在高于低潮点及深度小于 45 米的海域，

珊瑚能生存的时间也只有几小时而已。

尽管如此，在各种恶劣的环境下还是有大片珊瑚礁保留了下来，比较著名的要数遍布于澳大利亚东北部海岸的大堡礁了，其宽度可达16—161公里，长可达2011公里。水很深，可供船舶航行，可以说是陆地上最方便的停泊处了。

当幼小的珊瑚降临世界后，要像小鱼一样游来游去，直到找到适合安居的位置，然后展现其嗜睡的本性。珊瑚幼虫在此长成一个开口布满触角的肉袋子。珊瑚虫从底端分泌石灰质，形成一个石质平台以堆积虫体，同时它也会重新"发芽"，长成新的珊瑚。珊瑚的生长在时间上和一棵树的成长方式类似。散落在海底的珊瑚经过海浪和水流的破坏，呈脊线状分布。珊瑚和其他大量海洋生物持续增长，积聚成初期珊瑚礁，并最终上升到低潮点。此时珊瑚虫的有机增长必须停止，然而海浪将继续堆积岩石碎片，直到珊瑚礁露出海平面。

红海里的珊瑚礁

➡ 澳大利亚大堡礁上的黄色软珊瑚。珊瑚虫是一种海生圆筒状腔肠动物，以捕食浮游生物为食，在生长过程中能吸收海水中的钙和二氧化碳，然后分泌出钙质变为外壳

➡ 色彩斑斓的珊瑚虫

　　当查理·罗伯特·达尔文 ❶ 来到南太平洋时，他观察到一些珊瑚如流苏般环绕海岸，而其他一些则由浅礁湖隔开，还有一些珊瑚围绕水域而不是陆地生长。他由此得出结论：后两种类

❶　查理·罗伯特·达尔文（C. R. Darwin，1809—1882），英国生物学家，进化论的奠基人。他参加了环球航行，其间做了 5 年的科学考察，也在动植物和地质方面进行了大量的观察和采集，最后得出了生物进化的结论。1859年出版了震动当时学术界的《物种起源》。

型是沿沉没的火山岛岸边堆积起来的。如果被淹没的速度不够快的话，边缘珊瑚礁内部的珊瑚可能会灭亡，而面向岸边的珊瑚礁则在海岛被淹没的同时迅速向岸边生长。部分被淹没的陆地因此产生了从岸边分离出的堡礁，全部被淹没的陆地则会形成环状珊瑚礁。

自从达尔文提出的"沉降说"解释了大量娇嫩的珊瑚在深海生存的原因后，人们对珊瑚的认识进一步加深。总的来说，新的发现肯定了达尔文的"沉降说"，其他一些理论也在不断发展，但"沉降说"仍是最受认可的。

⬆ 达尔文

勃朗峰，阿尔卑斯山的最高峰，位于法国和意
大利的交界处，海拔约 4810 米

五、海底深渊

从外观上看，浅水区的各种活动会随着海水流入深渊而逐渐减弱，通常在水深 180 米左右，海底坡度平均可达 13°—15°，陡如山坡。在约为 1800 米的深海，海底下坡几乎在不经意间就平稳过渡到平原，这平原也是海槽最广阔的区域，亦是其最显著的特征。在这广阔的平原"牧场"中，任何水流或猛烈的暴风雨都不能掀起丝毫波澜，任何光照也不能照亮其黑暗，也不能抑制其寒冷。如同被抛弃般，在整个地质时期，这里都是一片漆黑。

在测深锤为测量海深的唯一手段时，这种费力又昂贵的工具使人们探知海洋地理环境的进程十分缓慢。在一篇著名的文章中，赫胥黎描述了北大西洋盆地，同时综述了 19 世纪时人们关于海底的观点。

"这是一片富饶的平原，"他写道，"一块世界上最辽阔、最平坦的平原，如果海水被排干的话，你甚至可以驾驶一辆马车从瓦伦特一直进入到特里尼蒂湾。在这漫漫长路中，上坡和下坡都非常平缓，自瓦伦特起即为下坡，大约有 300 公里。其底部如今已是 500 多米深的海水。而后为中央平原，宽约 1600 公里，尽管水深变化在 3000—4500 米，但其表面不平整部分几乎难以辨别。在勃朗峰，有些地方还没超出海平面就已被淹没。

到 20 世纪，液压制动器代替了防滑系统，同样，回声测深仪代替了测深锤。通过测量由船上发出的声音，又经海底回声反馈给船上装置所用的时间，可以准确测量任何深度的海水。随着回声测深仪的日趋完善，海洋地理科学亦日益成熟，部分海洋地区，如墨西哥这样的地区的探测前景可能比火星探测还模糊不清，尽管如此，通往更广阔世界的大门已经打开。

相信海底世界是一片单调景象的论断，明显是由无知而催生的，尽管

海水侵蚀的河谷并不像叶子的脉络那样交织在一起，因为在宽阔海域的保护下，任何器具都不可能蚀刻出不规则的岩石，尽管沉积的平缓作用可能模糊了突出地形的轮廓，但是，过去十年间的探索已揭示了主要的神秘海域各种复杂的地形。

　　海渊中单调的平原部分是随地形而变化的，既可以受到火山峰的影响，也可以受到海洋峡谷的限制，这一事实已被大众熟知。各种声音探测技术的更新大大丰富了描述海渊特征的数据，海渊平原已被确立为海下景观的突出元素。如夏威夷群岛那样，许多熔岩能喷出海面而形成海岛。然而很多熔岩是难以到达海平面的，随之带来的则是沉没的山脊，以地壳褶皱生成的山川。例如，在山川底部，有超过 50 个区域之上是 4.8 公里或更深的海水。出人意料的是，日本群岛起源于塔斯卡罗拉海槽，那里水深可达 8500 多米。菲律宾群岛东有一个洞穴，其底部的起落影响着珠穆朗玛峰的升降。

　　当菲利普斯船长在 18 世纪成功完成了深海水深测量后，把

夏威夷群岛。位于太平洋正中部，是波利尼西亚群岛中面积最大的一个二级群岛，该群岛呈弧状横贯北回归线

日本东京南部的
一座火山岛

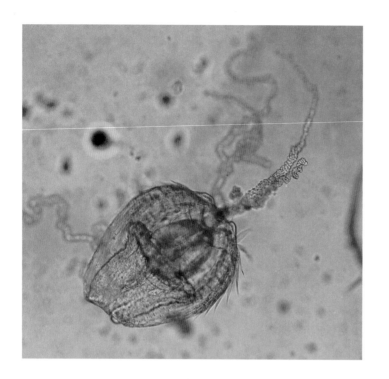

↑ 这是一个幼虫阶段的栉水母。作为一种古老的动物，栉水母可能早在6亿年前就已经出现

脂肪油涂抹在测深锤上，提取到了一份从未发现过的蓝土样本。从那以后，海底取样器便与测深仪器共同发展。结果，新技能之光不仅揭示了海洋地理，而且逐渐剥开了包裹着它们的神秘外衣。

大陆侵蚀的优良产物在斜坡上沉积，使斜坡深度进一步加深，并形成了有着各种颜色与组成物的泥土，有些主要包含分泌石灰的动物的粉状外壳，有些则几乎全是火山岩：绿色泥土是源自海生矿物质的海绿石，红色泥土是源自含丰富氧化铁的热带黏土，然而最多的还是蓝色泥土——由从铁化物中获取氧气的有机物演变而成。

在深度为45—3600多米的海域，蓝色泥土几乎出现于世界上的所有海岸线，其覆盖面积大约可达388万平方公里，占世界总陆地面积的四分之一。大陆侵蚀的最后一个产物为一个从未被侵犯的边远世界，因为那可能是地球上最大、最沉寂的"墓地"，大群单细胞动植物挤满海平面，直到生命和浮力都消失殆尽，接着便慢慢沉入深海。古往今来，它们聚集于此，其陵墓之大正与其数量之众相匹配。

微型浮游动物的石灰质外壳有助于细软泥的形成，这些浮游动物死后可形成约1.3亿平方公里的软泥，在4.8公里之下，由于海水压力及水中二氧化碳浓度的上升，浮游动物易被分解，替换它们的是富含硅土的有机体，这种硅土更具抵抗力。在超过518万平方公里的太平洋及印度洋海域，当海水深度超过8

公里处，是一片充满玻璃形状的单细胞动物的骨架。在这一带，盛产玻璃植物的软泥在南大洋海底可达 2848 万平方公里，完全能够环绕地球。不像其他生命那样独自走向灭亡，这些微生物总是集体去迎接死亡，其密度令人惊叹。

在远远超出软泥有机体的地平线之外，遍布的是红黏土，这些黏土连接着遥远的海洋深处，是大陆沉积的前哨，由吹往或漂向大海的火山灰养育而成。还有相当一部分则源于陨石。红土沉积的速度很慢，挑战者挖泥船在南太平洋一次就挖出了长有 150 颗牙齿的某种已灭绝的鲨鱼。在这个露天的坟墓里，没有人知道其已沉寂了多少年。

在海渊的尽头，当烈日与寒风退去的时候，海洋也重归宁静。远离纷争，没有饥饿，它劳累的心终于平静下来，不知道要沉睡多久。

第七章

火神之怒

火山爆发及其所带来的灾难性后果并不是陆地独有的现象。海底的火山活动或许不如陆上那么明显，但是也同样常见。很多水手都曾目睹过这样的异象：一股股蒸气、石块甚至火焰从海底喷涌到高空。火山岩充气膨胀，从海底漂到海面上，密密麻麻地覆盖着海上的火山岛。

武尔卡诺火山

一、火山岛

安稳是地球人可望而不可即的幸福。地球的儿女生于混沌，在动荡不安中艰难求生，很少能停下来歇息，更看不到苦难结束的希望。侵蚀之力急着要踏平这个世界。事实上，它们也曾险些得逞。在那些岁月里，肆虐着的风、水和冰几乎把地球表面夷为平地。然而，就像西西弗斯一样，它们始终难逃功亏一篑的命运，眼看着就要推倒最后一座山、填平最后一道谷了，却只能眼睁睁地看着地底的恶魔横空出世，窃取它们的劳动成果。

在西西里岛的最北端，有一个喷着烈焰的火山岛和一座名叫武尔卡诺的火山。古人认为，它是地府的大门，火神赫菲

⊙ 火山锥是火山喷发物在火山口周围堆积形成的山丘

斯托斯在这片土地深处点燃了不豫之火。这附近还有好些火山，它们没有那么浓烈的神话色彩，在无数个世纪里，它们时不时地爆发，吞吐着烟雾和岩石。自文明滥觞以来，这些火山和世界其他遥远的角落里的火山一样，向人类散发着无穷的"魅力"，又给人们带来无边的恐惧。人们为它们的力量所震慑，为它们的美丽所倾倒，又为它们的神秘费尽思量。火山给人们带来的震撼之大、触动之深是其他自然现象望尘莫及的。

　　除此之外，火山还是这个物质世界里最神秘莫测、难以捉摸的现象。尽管哲学家柏拉图、亚里士多德和斯特拉波都对此提出了种种高明的猜测，科学家大普林尼和他的外甥也做了细致的观测。然而，没有一个古希腊或是古罗马先贤能够对火山活动的本质提出合理的解释。通常，这种奇观被解释为是地下硫矿与煤矿受风力划擦后起火而引起的。甚至到了 19 世纪，德

🔺 托卢卡火山。位于墨西哥，最近一次喷发在公元前 1350 年

国地质学家维尔纳的追随者依旧坚持声称火山活动源于地下煤层的燃烧。直到最近几百年，各个大陆陆续建立了天文观测台，人们对火山的认识才上升到了科学的层面。

由于人们对火山的恐惧及各种毫无根据的臆测，导致火山学发展很缓慢，其实它有着丰富便捷的研究资源。死火山和休眠火山在世界各地星罗棋布。在一些难得的机缘之下，人类还有幸目睹岩浆从地壳饱经沧桑的薄弱地段破土而出形成新的火山。

意大利就有过这样一个例子。那不勒斯市西部的不远处有一个湖泊，名叫卢克林湖，光阴荏苒，它一直静静地卧在那儿，姿态从容，水波不兴。然而，1536 年，它开始了不安的颤动。在接下来的两年内，情况愈演愈烈。1538 年 9 月 29 日，不祥之兆出现了，那不勒斯湾附近的海岸上出现了一道裂缝，水流喷涌而出，裂缝持续扩大，最后像动物的嘴那样大张着，在黑暗中闪烁着凶残的红光。两天两夜，不断有巨大的石块和雪花般轻巧的火山石从裂缝中迸发出来，在周围堆积起来，直到形成一个颇具规模的锥形小山。第三天，一大批观光者赶赴至此。次日，岩浆再次喷发，许多人为他们的好奇心付出了生命的代价。到了第八天，这种时不时爆发的状态渐渐地平息了下去，此后，一直风平浪静。

1759年9月28日晚，一座新火山在墨西哥诞生，但它所处的平原距较近的那个火山口也有56公里左右。

整整三个月，这片土地不停地摇晃，并发出沉闷的响声，直到一道裂缝出现在富饶的华鲁罗（印第安语，意为"天堂"）庄园附近。霎时，裂缝上空形成一团由气体和岩石碎片组成的黑色云状物且爆裂开来，雨水和泥浆纷纷落下，短短几个小时之内，附近的村庄都被迸发出的岩屑所覆盖，就像盖上了一层厚厚的毯子。经过泥浆、洪水、火山灰和地震连续几周的洗礼后，昔日的小天堂已沦为不折不扣的人间地狱

⊙ 1767年的维苏威火山口

了。不到两个月，岩石碎片就在这片平原上堆积成了一座锥形小山。

据报道，在世界其他地区也有新火山出现。有趣的是，这些新生代火山的出场方式十分相似。比如，它们都出现在现有的火山附近。在它们即将诞生之时，该地区往往会发生地震：地底传来轰隆隆的声响，地表开裂，闪出骇人的亮光，蒸气、灰尘和大块破裂的岩石被甩至高空。刚开始的时候，很少有岩浆喷发出来，但是等到初次爆发的猛烈势头减弱，新火山逐渐平息的时候，岩浆就会喷涌而出。

火山爆发及它所带来的灾难性后果并不是陆地独有的现象。海底的火山活动或许不如陆上那么明显，但是也同样常见。很多水手都曾目睹过这样的异象，一股股蒸气、石块甚至火焰从海底喷涌到高空。火山岩充气膨胀，从海底漂到海面上，密密

⊕ 庞贝花园中的古代死尸

麻麻地覆盖着海上的火山岛。

　　在暗流汹涌的地中海深处，火山频频爆发。1831年，海底火山爆发，在西西里岛和非洲海岸之间形成了格雷厄姆岛，它像鲸鱼那样从水中上浮，把背部露出水面。有证据表明，维苏威火山和埃特纳火山也是以相似的方式从海底喷发而形成的，并于历史上多次爆发，成为有名的活火山。

二、地下恶魔

　　20亿年来，地球一直在变更，然而由于种种原因，它至今仍未定型。自人类诞生以来，不断有新火山形成，老火山也"兢兢业业"地扮演着白脸角色。然而，新火山所谓的凶残在更老的火山面前根本就不值一提，在它们那个时期，地下恶魔的领军势力空前强大。

　　如果古时候挪亚方舟曾途经更加远古的任何一个地质年代，它就不会在阿勒岛上停留。因为阿勒岛不仅是一座年轻的

⊙ 挪亚方舟

山，而且是一个火山口，只是它的形状在过去不像现在这么常见。火山活动曾使地貌发生了翻天覆地的变化，然而，在古时候，火山还是比较稀少的。火山灰或岩浆很少从某个中心点喷发出来，也就无法形成像维苏威和埃特纳那样的火山锥。地下熔岩挤破了头，却只在地表撕开了一道道狭长的口子，岩浆杂乱无章地四溢开来。

就像澳大利亚有很多动物堪称现代活化石，冰岛的一些火山活动也源远流长。人类历史上规模最大的火山活动非 1783 年冰岛的拉基火山喷发莫属。是地震最先拉开了序幕，地动山摇之际，岩浆从冰岛终年积雪的斯卡普塔雪山裂缝中喷涌而出。这道裂缝长 32 公里，西端溢出的岩浆顺着斯卡普塔河陡峭的河谷而下，冲过悬崖绝壁，漫延到峡谷上方的田地，河水在高

❶ 袋鼠。产于澳大利亚大陆和巴布亚新几内亚的部分地区，是草食动物。其中有些种类为澳大利亚独有

❷ 树袋熊。又称考拉，是澳大利亚奇特的珍贵原始树栖动物，它每天至少 18 小时处于睡眠状态，性情温顺、憨厚

温作用下蒸腾，咝咝地冒着热气。岩浆如杀红了眼的恶魔一样蛮横前进，淹没了湖泊和大片的低地，直到最终凝固。

裂缝的东端，岩浆同样泛滥成灾，甚至堵住了通道。这两股黑色的岩浆流各自绵延了 45 公里，就像死神的两根手指，所到之处生灵涂炭。它们填平了大峡谷，内部的强大蒸气压把巨石甩到高空，岩浆堵塞住河口，两岸的村庄由此覆灭。岩石覆盖了 500 多平方公里的乡村地区，石块堆叠成山，巍峨的雄姿就连欧洲最高峰也相形见绌。

尽管拉基火山喷发的时候气势汹汹，但它充其量只能算是另一场更加猛烈的岩浆活动的余韵。在过去漫长的岁月里，地下岩浆暴躁如雷，动辄雷霆大怒。近来，在冰岛流动的熔岩下，

🔽 岩浆。是产生于上地幔和地壳深处，高温黏稠，主要成分为硅酸盐的熔融物质

蕴藏着历史更加悠久、更加汹涌壮阔的岩浆。可以说，几乎整个冰岛都是建立在从地壳的裂缝中喷涌而出的岩浆之上的。岩浆流薄厚不一，最薄的有几米厚，最厚的则超过 30 米，纵横叠加到几百甚至几千米高，铺就了北大西洋上约 15 万平方公里的土地。从赫布里底出发，横跨大洋底，经过冰岛至格陵兰岛的海岭也很有可能是岩浆喷发形成的。基于这些事实，地质学家推测可能存在一个极为庞大的岩浆高原，最广阔的时候面积有 260 万平方公里，然而，不久前，绝大部分都沉没到了海底。

美国西北部的游客不用仔细研究也能轻而易举地发现从地表裂缝中奔涌而出的熔岩流在塑造地貌上居功至伟。不计其数的中小股岩浆四下漫延，堆积达整整 1600 米厚，几乎把千沟万壑的中新世地表填充成平平坦坦的平原。此后，斯内克河和哥伦比亚河又在高原上刻出一道道深深的峡谷。现在，这个地区宏伟壮阔的景观中没有一丝火山锥或是火山口的迹象。因此，学界普遍认为，天然的地表裂缝才是岩浆喷发的主要通道。

岩浆像鲜血一样从地壳内部向外喷涌，在每个大陆上都留下了痕迹。德干高原就是岩浆喷发形成的，浩浩荡荡的岩浆覆盖了 60 多万平方公里，冷却的岩石在孟买海岸堆积如山。阿根廷、巴西、莱索托和南美都有相似的高原土地残余。

这些残余的土地以及火山爆发在其他地区、其他时间留下的遗迹，如同一座座丰碑，见证着火山活动最辉煌的时代。

三、夏威夷群岛

　　很遗憾，历史遗迹是用来纪念过去而不是用来解释过去的。火山活动是地球内部力量的外在表现。这股力量十分活跃，可以改变地球面貌，活火山便是最好的佐证。到了现代早已不见裂隙式岩浆喷发的踪影，只留下凝固了的冰冷熔岩流。地质学家试图从这些遗迹中对各种问题刨根问底，探寻答案。然而，冷冰冰的岩石同逝去的人类一样，对它们的秘密守口如瓶，地质学家一无所获。

　　火山作用如同生命一样，虽一次次地从繁荣走向衰亡，但最终依旧能经受住时间的考验，并持续至今。即使古老的裂隙式岩浆凝固了，躁动的地球也不会消停。光阴荏苒，地球的面貌随之变换。世界上仍然存在着一类活火山，让人自然联想到遥远年代的裂隙式火山，于是地质学家纷纷寄希望于这类火山，期望从中找到问题的答案。

　　他们尤其关注夏威夷群岛。夏威夷群岛地处太平洋中的板块交接处，这里聚集着不同种族的人群，也汇聚了各种各样的新老火山活动。虽然夏威夷群岛是一条巨大山脉的山峰顶端，外形上不同于巨量熔浆覆盖而产生的熔岩被，却是货真价实的裂隙式火山喷发产物。在夏威夷群岛上，几乎所有的熔岩都与古代裂隙式火山喷发的熔岩属于同一类型。据推测，夏威夷的各大火山口徘徊的那些岩浆活动或许在过去很多时代中都相当活跃，但在现代世界中却是独一无二的类型。

　　与现在世界上大多数火山不同，夏威夷群岛高度惊人，却并非一夜之间拔地而起。夏威夷群岛是由无数次喷发的流动性玄武岩浆累积而成，直插云霄，平行排列成两条岛链，正好标志着洋底裂隙的位置所在。涌出地

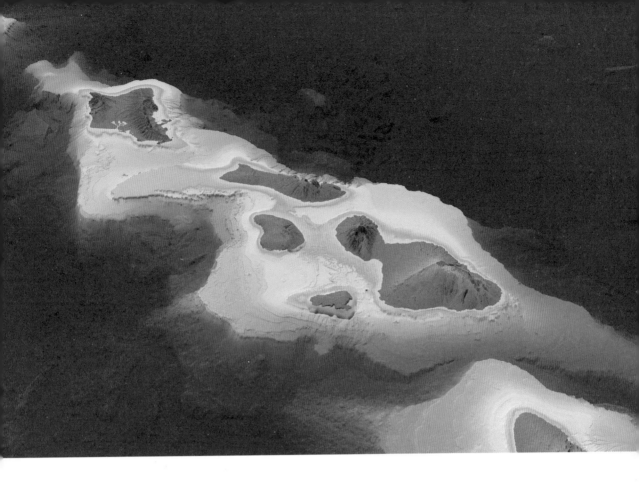

表的岩浆在冷却凝固之前，往往会像蜂蜜一样流淌数公里后才形成薄薄的、近乎水平的盾状物。这些物质常年累积，最终露出水面并不断增长，活跃的裂隙通道周围逐渐矗立起巨大的穹隆，由此构成众多岛屿。这些岛屿高出海平面 3 公里，距离海底超过 8 公里，当属世界上最宏伟壮观的火山山脉。

这片火山园中，唯有一座独树一帜、夺人眼球，依然绽放着地狱之花。无数的火山熔岩层层叠加，露出海面形成了夏威夷岛，岛上五根穹状火山喉管贯穿其中。其中冒纳凯阿和科哈拉曾是规模庞大的喷发中心；而冒纳罗亚和基拉韦厄，则不时被地下深处的动荡扰动。

冒纳罗亚属于巨型活火山，圆形的火山锥高出海面近 4 公里。然而，它露出水面的部分，实际上仅是整座火山的一角。火山爆发时，白色的气体和火红的岩浆柱猛地冲向几十或上百米的高空。此时的岩浆温度极高、流动性强，冷凝前可以像溪

⬆ 夏威夷群岛地处太平洋中的板块交接处，位于一条巨大山脉的山峰顶端

流一样淌过 80 公里，最后驻足于裂隙两侧。

要说巍峨挺拔，冒纳罗亚肯定算不上。其基座处的斜坡倾角不足 2°，而整个火山坡度最陡之处也不过 10°。1840 年，达纳教授探访夏威夷后如此描述："太震惊了！"他在给一位朋友的信中写道："冒纳罗亚高耸入云，但却如此平缓。任何一座山，即使只有它三分之一的高度，当你置身山脚，放眼望去，也会感受到一丝庄严或是宏伟。然而，冒纳罗亚却像是块平坦的圆形高地，既没有山涧峡谷，也不见尖峰刃脊，表面平平整整，样貌单一。在我看来，把它比作倒扣的浅碟再恰当不过了。"时至今日，几乎无人反驳他的这一观点。

冒纳罗亚的穹顶沿斜坡往下 30 多公里处，也就是火山口以下 3000 多米的地方，站立着现代世界上最有规律的活火山——基拉韦厄大熔炉。火山口四周峭壁林立，黑色熔岩栖身其中，范围达 15 平方公里，呈不规则的椭圆形。岩浆湖沸腾不止，湖面时而上升至火山口顶部，时而又下降至人们视线所不能及之

⊕ 冒纳罗亚火山。坐落在夏威夷岛上

低处。尽管当地人为它瘆人的外表和不时的爆发所吓到，科学家们对它却是十分崇敬，因为大多数情况下它都举止友好，十分配合人们进行科学观察及研究。一百多年来，人们断断续续地对其展开研究，其中集中研究长达20多年，因而它是现今当之无愧的最具科学教育意义的火山。

科学家研究基拉韦厄，主要是为了解答三大问题：熔融岩浆的来源及其运移；热能的来源及其维系；它与冒纳罗亚的关系（表面上，它就像是冒

纳罗亚侧坡上一块溃烂又疼痛难忍的地皮）。经研究发现，基拉韦厄上的开口并不是岩浆管道的末端。事实是，岩浆通过这条通道从地下唯一的长颈烧瓶状的岩浆库中上升，这与先前人们的猜测截然相反。曾经有一年，哈雷茂茂火山爆发，将咽喉里的岩浆倾力吐尽，威力惊人，瞬间造出一个450多米的深坑。在离坑底180多米的地方，一块类似大斑样的范围内每晚都红光闪闪，十分耀眼。坑底的一小片区域也会发出同样的光芒，并伴有气体从地下逃逸时的咆哮声，这些地方可能是输送管道的出口。然而，当岩浆终于涌现时，它却从更高的输送口喷涌而出。以上现象纷纷表明，哈雷茂茂是个汇聚盆地，它将附近多个小岩浆房连通起来，而从这些小岩浆房喷出的气体成分及熔融岩浆的温压都不尽相同。

若岩浆是由地下的单个深部区域上升而来，那么，认为"它的绝大部分热量都来源于活化气体的物理化学反应"这种观

① 火山灰是在火山爆发时因岩石或岩浆等被粉碎而形成的，不同于烟灰，其坚硬，不溶于水

点便是成立的。然而，人们渐渐发现了多种岩浆来源，因而气流产热的说法似乎很难自圆其说。此外，分析表明，气体中不能反应释热的水蒸气占到了总量的五分之四。贾格尔博士认为，体积庞大、充满气态物质的岩浆在不断地上涌探出和退回熔岩旋涡的过程中，可能将充足的氧气带到了深部，供可燃气体燃烧反应，以此维持"火炉"持续发光。不管出于什么原因，基拉韦厄这个大火炉已经尽职尽责地燃烧了数十年。可以肯定的是，不论科学家是否会在原因探讨上达成一致意见，它都将一如既往地燃烧下去。

人们过去普遍以为冒纳罗亚和基拉韦厄是彼此独立的，因为它们喷发的时间通常并不同步。然而贾格尔博士却提出了一个全新的观点。冒纳罗亚和基拉韦厄处在地壳上两条垂直断裂的缝隙之间，且由于洋底板块之上承载着巨大的火山，重力失调导致断裂处的地壳板块不时运动，这种情况下，几乎不可能只影响其中一座而由着另一座纹丝不动。

🔽 基拉韦厄火山。位于美国夏威夷岛东南部，是一座活力旺盛的活火山

贾格尔博士认为，由于板块的会聚，裂隙处的地段被抬升，从而引起火山周期性地向上隆起膨胀。岩浆不断从地下涌向火山口，使得山体的重量不断增加，直至可以迫使板块回归原位。之后岩浆逐渐退去，在楔状体的顶托作用下，从旁侧的裂隙中流出。当岩浆进一步平息，火山喷发便告一段落。两座火山喷发时间及喷发强度不一致的原因很多，遗憾的是，人们还没弄清其中的原因。

夏威夷群岛上的火山活动留给游客们的印象十分深刻。几乎没有人近距离看到过矗立的冒纳罗亚强烈喷发，但目睹了基拉韦厄轻微冒泡的游客却不在少数。1840年，达纳教授考察夏威夷时，基拉韦厄刚猛烈喷发不久，正处于相对平静期。哈雷茂茂的巨坑中，只有三个池子里的岩浆还在自由波动。即便如此，达纳写道："欣赏世界上任何奇特的事物，都须怀着一颗崇敬的心。"

"炽热气体徐徐上升，"他这样描述道，"在岩浆湖面上嬉戏打闹，湖面相对平静，岩浆微微荡漾，地底深处悄然无声。轻轻地，水汽像棉花团一样从池中无数个小裂缝中缭绕升腾，在巨大的熔岩凹地上空织成一片云朵华盖……好一番宁静祥和的景象。湖底偶尔传来一丝声响，很快便恢复平静，唯有洼地里轻漾的岩浆像是在喃喃私语一般。"

"夜幕降临的时候，从山顶俯瞰，这个巨大的熔炉收起血腥的红光，转而发出耀眼的光芒。湖面喷气不断，每当白色气体从地卜蹿出时都会形成一道白光。整个湖面泛起炫目的光点，此起彼伏，如同雷电交织一般。凹陷区域的东南边有一组小浅盆也正喷出灼热的熔岩流。两个稍小的岩浆湖也模仿着大岩浆湖的样子，摇荡着湖中的岩浆，偶尔也会突然喷出十几米高的岩浆柱。笼罩在凹坑之上的云团、底下岩石的圆形剧场，都被沸腾的岩浆照得通红，暗红色的光笼罩着远处的山壁，并渐渐投向洞穴深处的黑暗之中。"

哈雷茂茂里数百个岩浆泉翻涌，搅荡起红色的泡沫浮渣，天空被熊熊的火光照得透亮，这场面让人又怕又敬，没有哪种画面能比它更有力、更充分地刻画出基拉韦厄壮观的景象了。自1924年爆发后，内部的岩浆通过火山管道消耗殆尽，火山口迎来了它前所未有的寂静期。自然界所有事物

都遵循一定的规律，好比心脏的跳动总是一张一舒，如此反复。基拉韦厄现在是疲了倦了，可将来的某一天定会苏醒过来，活力四射，一如它经历过的多次转变一样，这种猜测几乎就像太阳每天都会东升西落一般可信。

四、两类火山

要将火山严格进行分类不是件容易的事，因为几乎没有哪两座火山一模一样。但从本质上区分，可以大致将火山分为两大类。

第一类为古老的裂缝喷发类型，多发生在夏威夷和冰岛。这类火山岩浆中铁元素丰富、二氧化硅成分较少，呈暗黑色。这类岩浆熔点相对较低，固结前流动性强，流动范围较广，且稍遇干扰便会释放岩浆携带的气体。这类火山爆发不算强烈，排气口周围通常不会或只会形成较小的

🔽 拉基火山。又称拉基环形山，是裂隙式火山在喷发中形成的显著地标，位于冰岛南部

熔岩穹丘。

　　第二类火山喷发场面蔚为壮观。这种火山熔岩富含二氧化硅但缺乏铁元素，因而颜色较浅。相比之下，这类岩浆熔点相对较高，固结前流经路程较短，且只有在遇到较强干扰时才会释放气体。这类火山喷发通常较为强烈，常形成陡峭锥形体和"灰烬"，锥形体偶尔会发生流动，而"灰烬"总是随风飘走。

　　斯特龙博利岛位于伊奥尼亚群岛中西西里岛的最北端，那里的火山锥体高耸入云。锥体四周蒸气环绕，在阳光下闪闪发光，好似皇冠，即使是太阳底下方圆百里之外都能看见。夜幕降临时，岩浆有节奏地涌上火山口，散发出奇异的光，锥体也因此显现。

　　近距离观察会发现，火山口实际上位于火山旁侧而不是峰顶。火山口内表面是一层薄薄的冻结岩石，岩石下面蒸气翻腾，撞击岩层，发出怒吼声。到处都是翻滚的熔岩，有的像火车头一样喷出蒸气，有的温度稍低，因而只是轻轻荡漾，还有的则随着温度的上升而热浪滔天。偶尔会有个大气泡猛地蹿出，将熔岩泡沫推向空中，熔岩上方的云帽被映得通亮。喷出的岩浆迅速凝结，扑哧扑哧地冲出火山外侧，飞向大海。待到岩浆池中熔岩消退，蒸气聚集到一定程度时，便会再次引发火山喷发。几百年来，斯特龙博利岛每隔几分钟便会爆发一次，几乎从未缺勤，而且它的怒气似乎从来都发泄不完。它也有大规模喷发的时候，但这样的情况并不多见。

这座火山通道里的活动同其他所有喷发类火山的活动的基本原理如出一辙。只要对流性气流搅动了糨糊般的熔岩，将上升的气体释放出去，就可避免火山喷发。但由于硅质熔岩温度相对较低，质地坚硬，加上排气口小，因而对流会受阻。蒸气隔段时间便聚成气泡，气泡逐渐变大、上升、膨胀并最终爆破，从火山通道喷射而出，将拦路熔岩或半流质熔岩一起推向空中。

通常，火山爆发间隔期越长，聚集的气体就越多，再次喷发的力度便越强。武尔卡诺岛与斯特龙博利岛相邻，这里的火山活动频率不高，但强度却大得多，喷发时气势汹汹，安静时犹如死灰。所有曲折的历史，逐一在这里写下历程。这座火山锥形成于1786年。最初火山喷发时，蒸气持续喷了整整15天，将大量的"灰烬"和"岩烬"带至地表。接着，武尔卡诺岛迎来了一个世纪的宁静，只偶尔吐出丝丝水汽。1888年，火山口隆隆作响，岩浆蓄势待发，呼之欲出。半个小时不到，蒸气和岩石纷纷冲向天空，力度不断加大。有些岩浆喷射了十几厘米远，有些覆盖面积的半径长达1600米。火山活动持续了数月，方圆1600米内都能听到轰隆隆的声响。最终，尘归尘，土归土，爆发终于停止，这片多灾多难的地区也归于平静。

著名的维苏威火山位于那不勒斯海湾沿岸，它既有斯特龙博利岛火山的影子，又与武尔卡诺岛火山相似。这座火山也许会沉睡1000多年，也许会低调酝酿一个世纪，某天可能心血来潮，一周内便掀开火山顶部，将它击得粉碎。可以说，维苏威火山是世界上最喜怒无常的火山。这座火山深藏不露，罗马人没能认清其本质，以为它已经死亡。公元79年，这座火山突然喷发，灰烬尘土如洪水般汹涌而至，无情地将赫库兰尼姆和庞贝长埋地下。

自那时起，这座火山便再次进入沉睡状态，养精蓄锐，不定期向大地

① 今天的赫库兰尼姆

发起攻击。最近一次规模较大的火山喷发是 1906 年❶。火山呈三段式爆发，最先喷出的是岩浆，其次是气体，最后是"火山灰"。喷出气体的情景气势磅礴，百年难见。只见尼亚加拉传来一声巨响，维苏威火山以迅雷不及掩耳之势倾情喷发，就好比火车头一口气排出一个小时积攒的蒸气一般。

火山同人一样，会逐渐衰老，变得敏感易怒。人们记忆中喷发规模极大的火山现已老化多年，静静地躺着蓄积气力，等待着回光返照的瞬间——即使是火山，也终有一死。印度尼西亚的喀拉喀托火山最后的爆发与此相似。1883 年，这座火山喷

❶ 1994 年，苏维埃火山再次喷发。——译者注

发前不露声色，喷发的动静远传四方；海底运动剧烈，附近岛屿上成千上
万的居民被海水卷走；尘土冲入云霄，遮掩了天空。阿拉斯加半岛的卡特
迈火山也是如此。1912 年，这座火山突然爆发，附近的村庄无一幸免于难，
从此被深埋地下，陷入无尽的黑暗。类似的例子还有日本盘梯山——老老
实实待了 1000 多年后，在不到两小时的时间里，山峰和山侧就被吹了个精
光，不见踪影。一位日本牧师，或许是多亏上帝眷顾，恰好住在火山安全
的一侧，才得以保住性命，才能向我们讲述他亲眼所见的奇迹。

　　人类印象中最离奇可怕的两次火山喷发几乎同时发生在加勒比海相毗
邻的两座岛屿上。1812 年后，圣文森特岛上的苏弗里耶尔火山似乎进入蛰
伏状态。1901 年 2 月，它开始蠢蠢欲动。次年春天，这座火山终于强烈震
动，惊天动地。5 月 8 日，火山锥内接连发生爆炸，一朵黑云突然蹿出火山

锥，挟带着炽热的红色灰烬，将整座村庄一网打尽后拖入海口。即便火山席卷人口稠密地区时威势大减，却仍有 1400 多人因之丧命。

自 1857 年起，马提尼克岛附近的培雷火山就沐浴在和平的恩泽之中。但就在一阵轰鸣声中，地震来袭，火山随之响应，喷出大量炙热的红色蒸气。这与前一天瞬间给圣文森特抹上悲凉色彩的火山喷发毫无二致。瞬间，这场大灾难便将圣皮埃尔毁于一旦，还夺走了将近 3 万多人的性命，安德森和弗雷特亲历了这次灾难。

"火山使这座城市受到重创，几乎摧毁了整座城市。极少有人目睹大团黑云从山顶升起，目击者中的幸存者更是凤毛麟角。所幸的是有人将整个过程记录了下来。从他们的描述中发现，马提尼克火山几乎就是重新上演了前一天下午圣文森特火山喷

发的情形。山像被突
然炸开一般，团团云
雾涌出山顶。随着一
声巨响，云团加速膨
胀。还有人说云团中
甚至出现了一道刺眼
的红光。火山喷发之
际犹如雪崩瞬间，吞
噬了整座城市，不出
几分钟，远处也被掩

喀拉喀托火山。
是一座活火山，位
于印度尼西亚巽他
海峡，1883 年的大爆
发使 3 万多人丧命

埋，周围的一切完全被封存于黑暗之中。这次火山来得快、走
得急。天空稍亮些时，从港湾中的船只上看，整座城市被夷为
平地，四处火光冲天。火山毫不留情，小镇北部被彻底摧毁，
独留废墟在燃烧，居民还没来得及逃跑就在灰烬之中消失得无
影无踪。小镇南部的情况稍好一些。一些房屋至少还留有几面
残垣断壁，活着的人吓得魂飞魄散，拼命逃向街道，身上疼痛
难忍，发出阵阵号叫。还有一些人伤势惨重，他们跳进大海，
希望海水能减轻烧伤带来的疼痛。"

五、地球内部的动荡

如此看来，世界总是得以以不同的形式臣服于地球内部的动荡势力。人类在广袤的大地上驰骋万里，闲暇时坐看世界变化万千，探寻世界的精彩所在。他们偶尔需要付出生命的代价，但大多数情况下都平安无事。历史的万花筒中，最吸引人、最神秘的就是火山活动——是它，引导了世界 20 亿年来

⤵ 火山喷发后，岩浆流出地表，冷却后形成了岩浆岩

的命运走势。

地球内部势力极其强大，它所外露的力量很可能只是冰山一角。火山至多相当于皮肤上长出的疙瘩而已，地下深处发生的灾难恐怕更令人毛骨悚然。地球还年轻时，炽热的岩浆和气体便已经在多灾多难的地下聚集，长期绞尽脑汁想要冲破地表。真正能成功突破重围的寥寥无几，多数到达地球外层后便凝结成固态。日久天长，风化侵蚀作用下，固态岩浆很快便裸露于地表。岩浆之死虽显无辜，但也说明了，地下风暴发起怒来比其他任何形式的力量都要强大。

很多地区的堤坝是由液态岩石从地下涌出，然后在地壳裂缝中凝结而成的。岩石裸露，受外力侵蚀表面磨损，

❶岩基。是巨大的岩体，多由花岗岩构成，处于褶皱山脉的核部

随处可见岩石内部动荡不安的痕迹。在其他一些地方，类似的侵入体会沿着水平方向撬开层状构造的缝隙，在裂隙层中流动数公里后才凝固。

还有些地区存在大量火成岩，硬度较大，入侵构造受力膨胀拱起。受气候影响，它们不断遭受侵蚀甚至出现断裂，熔岩穹丘的中心向外突出，就像石头蘑菇一般。苏必利尔湖西北岸的穹丘中，液态岩石面积相当大。但是，与岩基相比，这只能算是小儿科。强大的岩基极力从下往上挣扎，前进的道路上必须收纳其他物质，才能脱颖而出，成为上地壳结构中的主要成员。至今规模最大的可见岩基位于不列颠哥伦比亚省和阿拉斯加州沿岸的海岸山脉，其岩基延伸超过 1600 公里。

有关来自地底世界或是必须经历火山口考验才抵达地表的物质的问题深奥难懂。现代科学要解决的问题便是探寻它们的起源，研究它们的运动过程。解决了这些问题，便揭开了一些地球上最难解的谜。只不过完成这一目标任重道远。况且，由于问题的根源掩藏在地球深处，人类无法直接观察，也许答案永远都无法浮出水面。好在地理学家更加注重解疑的过程而不是结果。但是不论追求知识的道路多么狭窄，不管路上会遇到多少艰难险阻，人类都将探索出前进的道路。洞穴内的火山活动，也许不是人类肉眼能触及的，但人类的思想却可能抵达。

事实上，有些问题已有拨云见日的苗头了。科学家曾对火山熔炉的热量来源颇有争议。一些人认为是某个熔化了的球体尚未完全冷却的残余能量；还有些人相信是地球重力引起的收缩和压缩而导致的结果。另外一些人坚持说这是放射性变化的产物。无论如何，科学家都得承认，这股能量的确存在，而且随着深度的增加而增强。地核处的温度，即使是浅层，岩石温度也相当高。地壳表面出现任何破裂或弯曲，都会改变地表所受压力，从而破坏浅层岩石的硬度，导致液态岩浆和气体争先恐后地挤到出口，盼着出头之日的到来。

这些物质在上升至地表的过程中所涉及的力学问题更加让人难以捉摸。不过科学家倒是有个重要的发现。外地壳分裂成巨大的板块，板块位置不时移动，板块间隙地段相对薄弱，因而成为滋生火山活动的温床，形成了世界上主要的火山带。这样我们不免会猜测：板块间的运动就是造成液态岩石上升的主要原因。而造成板块运动的力量一定极大，地球上恐怕难有能与之抗衡的力量。若是将这股力量研究透彻，火山及其他很多谜团都会迎刃而解。

第八章

演变中的世界

　　有数据做证，地震理所当然地成为人类的头号强敌。有火灾、山崩和海啸这些帮凶，地震对人类造成的威胁远远超过自然界的其他力量。相比之下，龙卷风、洪灾和火山的灾难强度小了许多。

一、大地的震颤

那是 1886 年 8 月的最后一夜，大约还不到十点，美国南卡罗来纳州查尔斯顿的夜里天气燥热，到处死气沉沉。大家都忙活着，想方设法同这样的夜做斗争。突然，黑夜里传来轰隆隆的巨响，惊天动地、响彻云霄，事发突然，毫无征兆。帕克博士当时正在全德街，身处异乡的他还以为是飓风在詹姆斯岛入口猛地咆哮了一声。新闻速递报社大厦二楼，工作人员觉察到楼下有个保险箱滚来滚去。没等他们反应过来，地面就开始摇晃，窗户被吹得咯吱咯吱响，直觉告诉人们，地震了。

顷刻间震感加强，几乎找不到任何可以倚靠的东西，地面不停地摇晃，仿佛翻江倒海一般。地板起的起、落的落，墙面

🔻 绝大多数地震由裂隙或断层处岩石的突然移位诱发

左摇右晃，石块泥灰冲向街道，撞得粉碎。转眼工夫，地面突然停止了震动。整个城市被浮尘笼罩，搜救机发出微弱的光，在城市上空无力地闪烁，地面伤残人员随处可见，痛苦的呻吟声、歇斯底里的号叫声回荡在空中，不绝于耳。一些人虔诚地向上帝祈祷，可惜上帝却没听明白。

那个可怕的夜晚过去半个世纪后，查尔斯顿的人们都快忘了那可怕的一夜。但那50年里，人类也没少和地震过招。单日本就发生过三次地震，而且几乎每逢地震都会引发火灾，日本几度险些被夷为平地。

自查尔斯顿灾难后的50年里，加利福尼亚州遭受了3次地震肆虐。地震像只饥肠辘辘的猫，潜藏在海岸边伺机而动。1906年，它在旧金山猛地跳出；1925年又在圣巴巴拉出现；紧接着，1933年，长滩成了它魔爪下的受害者。欧洲史上比较严重的一次地震发生在墨西拿，那是1908年，在灾难的重击下，整座城市成了一堆废墟，地震夺走了10多万条人命。同一时期，在短短几年内，地震这个恶魔降临印度、南美和西印度群岛，还有中国，给这些地区带来了巨大的财产损失，也带走了无数人的生命。

50年来，地震灾害频频发生，不过真正让地球受到重创的记录并不多见。许多次地震在海底自然隐退，真令人欣慰；还有很多次，像蒙大拿州1925年发生的地震一样，虽然杀伤力强大到足以摧毁一座大城市，不过幸好发生在人烟稀少的地方。还有一些震级太小，需要借助精密的地震仪才能探测到。总而言之，不论白天或黑夜，地球上无时无刻不上演着地震，轻则微微颤动，重则大震一番，它如此脆弱不堪——那些以为地球无坚不摧的人真是错得离谱。

太阳眼皮子底下那些小颤小动可谓比比皆是。若真要把大大小小的地震全都记录在人类历史上，恐怕得好好写本编年史了，这书一定厚得惊人，不过内容大同小异。拿中国来说，过去的几个世纪里，在地震中罹难的不在少数。1842年，马利特出版了一篇目录，从很早以前的人类记录开始，他整理了记录在案的灾难性打击。在数千条记录中，破坏性完全达到摧毁一座城镇的占260余条。大概还有很多类似的大灾难造成的损失和伤亡，人们既未估算也未记录。

有数据做证，地震理所当然地成为人类的头号强敌。有火灾、山崩和

① 2004 年印度洋大海啸。海啸是一种具有强大破坏力的海浪灾害。当地震发生于海底，震波引起海水剧烈起伏，强大的波浪向前推进，将沿海地带淹没

海啸这些帮凶，地震对人类造成的威胁远远超过自然界其他力量。相比之下，龙卷风、洪灾和火山的灾难强度小了许多。

夸张点说，无论花朵自以为多么茂盛，在地震面前，它都不得不自行凋谢。那些自认为有义务为上帝对待人类的方式做辩护的人，不见得能说清地球的病发症状。有的说是上帝怒了，大发雷霆，决心报复人类。这说法不错，只不过用地震来表现上帝的善举怪异了点，这样一来，宣称上帝仁慈便成了不经之谈。研究灾难的神学家们至今众说纷纭。一些人声称地震是正义的神对人类严厉的惩罚，但到底是对谁的惩罚，却仍说法不一。

二、地震之秘

不管人类愿意与否，地震总是出现在人们的视线中，引人注目。地震在自然经济学中有着举足轻重的地位，但人类对此却反应迟钝、后知后觉。地震给人们带来的多是恐惧而不是思考，是猜想而不是有根据的结论。要说迷信无知，那些受过良好教育的人提出的假设也不见得合情合理。早在耶稣诞生之前，古希腊哲学家纷纷就地震展开各种奇思妙想。阿那克萨戈拉认为地震是天神大闹地下洞穴的后果；德谟克利特坚持说大雨冲刷造成地面断裂才诱发地震。阿那克西米尼表示地震是地表干涸而不是膨胀的缘故；亚里士多德坚信地下风才是罪魁祸首，这种风由"湿气"和"干气"组合而成，横扫地下世界，引起地表地震和火山喷发。

在关于地震起因研究的历史长河中，这些推测不过是源头溅起的几片水花。长期以来，人们对地震的认识，始终犹如雾里看花。恐惧和幻想占据那块地盘，理性难有立足之地。直到近年来，才断断续续出现几位能人，这些人善于创新，前无古人，后无来者。他们深入思考，运用归纳性思维发现并开创了地震学，向世人揭开了地底世界的神秘面纱。

🔸 亚里士多德（左）和他的学生亚历山大大帝（右）

⬆ 古罗马哲学家卢克莱修，认为物质是永恒的

地震学发展方兴未艾，岩石观测功不可没：地震是地球岩石层运动的结果。长时间的观察后发现，岩石层的运动形式多样。可能是一物移向另一物，像小提琴的弓弦一般摩擦，产生震动并引起地震。又或因突发爆炸，犹如猛击引起的鼓响钟鸣一般。也可能是地下固体物质受力过度而断裂，噼里啪啦，一如开春之际冰河爆裂。

早期的人类猜想大多将地震的成因归于摩擦或突如其来的爆炸。随着地下狂风经证实纯属子虚乌有，狂风摩擦引起地震的猜想便不攻自破，然而有关爆炸的猜想仍是主流。古罗马哲学家卢克莱修是提出"地下洞顶岩石下落引起大范围震动"的第一人，早在很久以前，就吸引了众多追随者，声势浩大。现在经证实，虽然局部地震可能由此引起，但若要引发中等程度的震动，凭落石的力量是远远不够的，更别说大范围地震了。

火山活动引起地震的猜想一直以来颇受欢迎。火山和地震，两者联系紧密，如影随形。火山地带地底岩浆剧烈运动，即使没有造成火山喷发，也常是撼动坚固地面的元凶。不过，这种震感大都不强，震波也不会离震源太远。强震通常伴有火山喷发，两者间不像是母子关系，倒更像是兄妹情义，同为地壳脆弱地带的产物。

1897 年，印度发生强烈地震，这绝不是摩擦或震动猜想那三言两语就能解释的。虽然此次地震比通常更为严重，但本质上还是因地下岩层长期承受压力、不堪重负引起的。地球内部一直有股神秘的力量出没，定期释放能量挤压外地壳岩石。岩石受力而不断伸张、慢慢弯曲，张力大到无法承受时便会突然断裂，岩石弹性回跳时力度不大，但会产生震动，于是就形成

了人们感受到的地震。至于造成地震的这股力量到底是什么，人们至今都摸不着头脑。

　　绝大多数地震由裂隙或断层处岩石突然移位而诱发，不过移位的性质却不尽相同。有些地震爆发可能会形成新的断层；有些则说明那里的地壳历来薄弱易断。有些深部位移冲击不会引起地面断裂；有些则会形成悬崖绝壁，对于位移的强度及走向，从中也可见一斑。

　　断层形成环绕地球的"地震孕育带"，大致为两条：一条是环太平洋地震带；另一条大致呈东西走向，环绕地中海、喜马拉雅山脉和东印度群岛。地震带内地壳运动最为活跃。这儿历经千锤百炼，火花与震动连番上演，火山、地震多如牛毛。即便是这样，在世界形成的整个过程中，这也仅仅是冰山一角。

⬆ 旧金山湾。位于美国加利福尼亚，几乎为陆地所环绕，图中为其地质图像

三、灾难

要说到威力，地震当然不能同剧烈的地壳运动相提并论。在地球的发展历程中，地壳不断"抽搐"、变形，过程漫长而曲折，它所带来的改变具有里程碑式的历史意义。这似乎是地球谋划已久的行动，冷不丁上演一出大转变，竟还乐此不疲。地表常年遭受侵蚀，日久年深，地貌发生着改变。倘若地壳运动，岩石扭曲，地面便倾斜或形成褶皱。地壳运动一次次放任海水入侵陆地，又一次次将它们遣返还乡。地球始终是它手中的一

⬇ 亚得里亚海湾的一角。亚得里亚海湾是地中海的一个大海湾，在意大利与巴尔干半岛之间

个玩偶。

地球历尽沧桑，时至今日，仍然命途多舛。风平浪静的表面下，灾难潜伏，且悄然恶化。海水淹没陆地，不少地方的地面高度都发生了变化，要搜集这样的证据轻而易举。海洋，连同它激起的浪涛，是地球表面最恒久的景象。虽然海平面高低不一，但差别微乎其微；虽然海水容量随冰川盈亏而变化，海洋形状受海床影响，但这些差异平缓渐变，对海岸的影响均衡一致。

世界上有不少海岸遭到严重侵蚀，海水长驱直入，淹没附近的农场和村庄，将一切封存于深海之中，英国东海岸就是一例。还有一些像亚得里亚海湾的最里面，泥沙堆积势不可当，原来的海港城市与现在的海岸线相距甚远。海水侵蚀导致地貌变化，其影响不容忽视，但地球深处更大的动荡与其并没有必然的因果联系。

蜿蜒起伏的海岸线长期遭受着地壳运动冲击，这里高出基准面一点，那里低上一截，参差不齐。通过研究岩石及相关记录可以确定，地球在早期就遭受过类似的侵蚀，只不过那时还没找到精确测量的方法。如今，内陆及沿海地区仍深受其害，将来很可能也难逃一劫。

近来滨海陆地抬升明显，但这种现象早已屡见不鲜。就在不久前，从地理学意义上来讲，东印度群岛大片珊瑚礁还是海洋的一部分，现在却被晾在高高的海滨之上了。意大利帕尔马罗拉岛自 1822 年之后抬升了 600 多米。几千年来，斯堪的纳维亚半岛上半部分从未停止上升的脚步，个别地段在一个世纪内增高约 1 米。瑞典北部一些海岸长期遭受海浪侵蚀，形成了海滩、洞穴及海岸阶地，高出海面 300 多米。苏格兰、智利、加利福尼亚这些地区海岸抬升痕迹保存得异常完好，仍然清晰可见。

相比之下，那些被淹没的海岸线从不轻易现身。虽然一定存在沉降的证据，却可能全部葬于水底。如埃及北海岸原先建有几处古老的墓地，现已完全被海水吞没；无独有偶，德国海岸上那曾被淹没的森林又重现；有人在荷兰目睹海岸下沉。借助回声探测技术，人们发现哈得孙河沟漫延至纽约城海港数百千米开外。海底显然不可能形成沟壑，所以这些海槽所在之处曾经一定是陆地。缅因州沿岸岛屿众多，岩石林立，河流被吞并，海

缅因州海岸。缅因州是美国
大陆最孤立、最偏僻的一
州，它位于美国的东北角，
海岸曲折多港湾

水侵蚀淹没陆地的痕迹显而易见。

　　地壳在运动过程中受力弯曲，至于是抬升还是沉降，则无规律可循。波恩特费曼位于加利福尼亚南海岸，圣克利门蒂岛距离海岸不远，两地抬升痕迹明显，海浪侵蚀形成的阶地高高地伫立在现代海岸线之上，保存得如此完好，一定是最新形成的。圣克利门蒂岛的阶地处，一座陡峭峡谷穿凿而过，记录下了早期河水侵蚀的面貌，也再一次证明了阶地形成时间不久。圣卡塔利娜岛位于两地中间地段，那里既没发现抬升阶地的踪影，也没有山谷长期侵蚀而形成沟壑的痕迹。研究它的海岸线发现，邻岛都被抬升了，它却在海浪中持续下沉。

　　虽然地面下沉的案例不少，但总体运动趋势是抬升。今天，地面平均高度接近 700 米，平均海沟深度是这个数字的 5 倍。

⬇ 海浪侵蚀形成的阶地

地面和海底若变得一样平，海水将会漫遍整个地球。陆地侵蚀与地面下沉不断侵袭着地球，没完没了，企图将地球整平，但终究没能得逞。海洋三番五次将魔爪伸向陆地，地面一次次抬升，击退海水，屡战屡胜，守卫陆地领土的完整。古往今来，地球变迁兴衰，历经风雨沧桑仍屹立不倒。

四、大地变形记

历史上，地球上的几乎每一寸土地都经历过一定程度的变形，有些地方甚至遭受了严重的创伤，痕迹明显，这些地方备受关注。地质学家深入调查，潜心研究地壳"痉挛"的原因和方式。他们常出没于高耸的山脉间，试图从岩石裂隙处、褶皱带和抬升处着手，解开谜团。

他们登上万尺高峰，只为寻得一块甲壳。甲壳明显是海洋动物的骨架，岩石则是泥土石化而形成的。他们思索着昔日的汪洋大海如何化身为今日之巍峨高山，他们希望绵延的群山能给予启发。虽然还没有找到答案，至少对问题已有了宏观把握，也发现了一些有价值的线索，相信事情终有水落石出的一天。

不少山峰矗立在火山带上，美国亚利桑那州的弗拉格斯塔夫附近的旧金山山峰就是其中的一员。卡茨基尔山前身是座雄伟平坦的高原，却被侵蚀得千疮百孔，变成现在壁立千仞的山峰面貌。这样的高山凭着自身风采可以吸引众多观光者，但地质学家却毫无兴趣，因为他们要找的是地球动荡的产儿。内华达山脉因断层构造被极大地抬升，布莱克山因地壳大幅向上弯曲而形成。又如瑞士的侏罗山脉，褶皱结构内岩石遍布，他们宁可去这些地方搜集证据。世界上几大主要的山脉——如阿尔卑斯山脉、喜马拉雅山脉、落基山脉和类似群山地带——构造错综复杂，断层、向斜和背斜交叉出现，见证了地球的苦难史。

虽然降临这些地区的灾难的本质让人捉摸不透，但一些现象却清晰明朗。例如，这类岩石大都是古海槽里的沉积物，日积月累后变得坚硬无比，触目惊心。阿巴拉契亚山脉中主脉沿线，岩层厚度超过 7600 多米，主脉西边岩层变薄，大约不到它的一半。不仅仅是阿巴拉契亚山脉，几乎在所有其他复杂的褶皱山系中，沉积岩都体积庞大，且多呈狭长态势，宽度相对较窄，发现这点意义重大。

🔽 褶皱。是岩石一系列波状的弯曲形态。岩层在构造运动作用下因受力而发生波状弯曲，叫作褶皱。褶皱未改变岩石的连续性和完整性

⊙ 断层。地壳岩层因受力达到一定强度而发生破裂，且破裂面有明显相对移动的构造，被称为断层。在地貌上，大的断层常常形成裂谷和陡崖

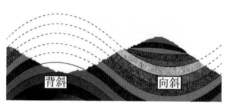

背斜 　 向斜

⊙ 向斜、背斜。本来水平的岩层被挤压变形，形成向下凹的褶皱，叫向斜构造；形成向上凸起的褶皱，叫背斜构造。向斜与背斜总是相间出现

就在庞大的岩石抬升的同时，地球的周长大大缩短，这个事实同样值得关注。在高山形成初期，一股强大的力量横向作用于沉积物，沉积物受压破碎。研究发现，在阿巴拉契亚山脉形成初期，岩石发生褶皱或断裂，山脉被压缩数百千米，甚至还不止。

若要构建理论解释地球这些重要特征的原原本本，必须先回答一个问题：有限的空间内何以能形成如此深厚的沉积物？典型山脉的主要岩石成分和海洋边缘的碎石、沙砾和泥土成分极为相似。潮汐退落，层层阶地显露，风吹太阳晒，直至破裂；海浪隐现，向陆地边缘荡起层层涟漪。岩层里的动物遗迹和现代海洋浅滩里的常驻生物类似。因此，大多数地理学家都认同的是，典型山脉由大陆板块边缘的宽浅盆地演变而来，且长期遭受严重的侵蚀。今天，亚洲东海岸沿线，陆地和形状各异的岛屿交界处有许多这类海湾，一些大江大河源源不断地向海湾注入泥沙。历史很可能正在重新上演，循环往复、周而复始。

由于海槽又浅又窄，若不发生运动，很快就会被流入的沉积物填满。因此，要用"浅水区无比深厚的沉积物"来解释高山形成的原因，必须假设沉积物刚流入原始海槽，海底就发生了沉降；要解释沉积物的变化程度和分布，必须假设形成沉积物期间，海盆的长度、宽度和深度可塑性极强；要解释大量岩

屑聚集所需的物质及能量的来源，必须假设邻近的土地上升到足够的高度，且受到严重的侵蚀，这样理论上才说得通。即使有些理论能自圆其说，但也必须解释这些假设中涉及的力学问题。

山脉系统中层层阶地的形成过程也是要说明的。海盆里的沉积物就像被老虎钳死死夹着一般，这股力量从何而来？这种横向压力又为后来的抬升贡献了几分力量？阿尔卑斯山脉和落基山脉褶皱消退多年之后又被抬升，其中纵向运动又产生了多大的影响？高山隆起，岩浆渗入裂缝，岩浆又在其中扮演着什么角色？一系列问题的答案深深潜藏在地球内部，因而目前尚未有完善的高山形成理论出炉。不过人类已经朝着未知世界迈出了重要一步，这是个好的开端。

五、地球的内心

现代物理学、化学、数学和地理学结合得天衣无缝，开辟了一条通往地球内心的道路。学科间的完美结合呈现出人类对未知知识的展望图。一个世纪前，充满激情的探险家们做梦都想不到这样的愿景。虽然此景上空乌云密布，目标昏暗模糊，有些甚至连个影都见不着，但地底世界的洞穴口终将拨云见日，迎来新的曙光。至于抵达地下王国的曙光将会有多灿烂，目前还没有人敢妄下定论，人们只是觉察到曙光渐明，在地底世界越照越深。

不久前，人们普遍认为地球是一个装满炽热岩浆的球，被一圈相对较薄且极不稳定的地壳团团包围。而且，地球内部冷却后收缩松弛，地核不断缩小，地壳向着地核方向断裂或弯曲，就像一个蔫了的苹果一样。如今这种观念不再为人们所接受。研究表明，地球不仅是固态的，而且由于放射性元素的衰变，地球吸收的热量比它放出的热量多，因此总体温度呈上升趋势。

通过测量地球吸引定量物质所需的力量，物理学家计算出了地球的总质量和平均密度。研究人员一致得出"地球总质量是同等体积水质量的 5.5 倍多"的结果。他们用同样的方法证明了，地壳的质量相对较轻，只是同等体积水质量的 2.5 倍多。据此可以推断，地球内部深处的质量一定远远超过地球平均质量。地球中心密度变大到底是普通岩石产生巨大的挤压力的缘

故，还是重金属物质所导致，至今仍是个谜。不少地质学家宁愿诉诸密度分层的假设，即地球由表及里，密度依次增加，包围在主要成分为镍元素和铁元素的地核周围。

精确测量地震波穿过地球的速度后发现，深度越深，硬度和密度越大，横波和扭曲波尤其能说明问题。这类波动不能在液体中传播，但在固体中却畅通无阻，2900 千米之内传播速度都随深度加深而变快。一旦超过这个范围，传播速度将骤减。这就说明了地核的确存在，且成分一定和环绕它的地壳不同（地核是地球内部构造的中心层圈，推测由高压状态下的铁、镍成分物质组成。地核又分为外核和内核两部分）。就目前而言，人类对地核本质的认识仍是一知半解，但可以肯定的是，外层的硬度犹如钢铁般坚硬。

地球本质呈固态，坚不可摧。日复一日，年复一年，地壳不断遭受外力剥蚀、磨损，甚至削平，地球仍然安如磐石。但

◆ 岩浆沿地面上的长裂隙喷出形成裂隙式火山。这类火山的裂隙是较长的，喷出的物质主要是熔岩且流动性强

它也有脆弱的一面。地壳发生扭曲时，收缩愈演愈烈，呈渐进式，也可能具有周期性。高山地带侧压力强大，受尽摧残，这种收缩是唯一合理的解释。

由于火山的缘故，有人认为地球受热温度会上升，却不能说明这股热量总量多少、分配如何，甚至道不清它来源于何处。历史上，地球总体温度到底是上升了还是降低了，火山或其他线索都不足以解决问题。而地球体积明显收缩，质地坚硬，这些又都与地球温度升高的说法相矛盾。地球内部热量充分散发，或许能暂时抑制收缩的趋势，却未曾拦住它前进的脚步。过去，现在，无论地热条件如何，地球内部深处强大的压力似乎都跟密度加大、体积变小相互关联，那是因为地心引力总是能完胜其他的力量。

地震波在岩石中的传播速度及在全球范围内的重力值测定结果，都说明了海底岩石多少比陆地岩石重一些。地球历史上，每当收缩压力超出承受范围时，不论海洋还是陆地都会朝着逐渐缩小的地核方向下沉。密度较大、范围较广的海洋地壳下沉较深；相比之下，陆地地壳密度较小、范围较窄，下沉稍浅；这样，在沉降的进程中便伴随有海洋地壳对陆地地壳的挤压。在地质历史上，温和的挤压导致地层小幅度弯曲是十分普遍的，而在强烈挤压的地区，地壳薄弱处的岩石被揉皱抬升，便形成了高山。压力释放后，处在底下的物质可能被液化，液化后的物质非常活跃，常常上升至地球裂隙或褶皱处而引起火山喷发。

这就是张伯林和索尔兹伯里两位教授提出的"地壳收缩挤压原理"。该理论大体上解释了侧压力的作用机制。山脉的水平运动停止很长时间后，山脉却仍能借助垂直运动的力量抬升，这至今仍是个未解之谜。重力测量结果表明，地球上高地密度较小，低地密度较大，高地与低地，大陆块体和海洋基底之间相互制衡。前者遭受侵蚀削低，后者吸收碎屑沉积，如此一来，低地越来越重，越沉越深；高地越来越轻，越抬越高，地壳平衡遭到破坏。质量过重的岩块垂直下沉，深处的岩石受挤压做水平塑性流动以恢复平衡。压力下的岩石会像糖浆一样流动，这点不论是观察或是实验都可以证明。但是没有人知道平衡调节发生的地点的具体深度为多少，也没有人知道，不平衡达到什么程度时平衡模式才会开启。看来所谓的地壳均衡说发展得也不够完善。

　　可以说，活跃在最前线的多是科学大军，他们正处在未知世界的关口，艰难地向地球中心前行。他们信心满满地提出假设，却又发现假设不堪一击。尽管发现错误需要时间，未知世界令人困惑不堪，成功略显遥遥无期，但科学大军仍奋力前进，无暇顾及最终是否会胜利，因为充满不确定因素的探索本身就令人兴奋不已。

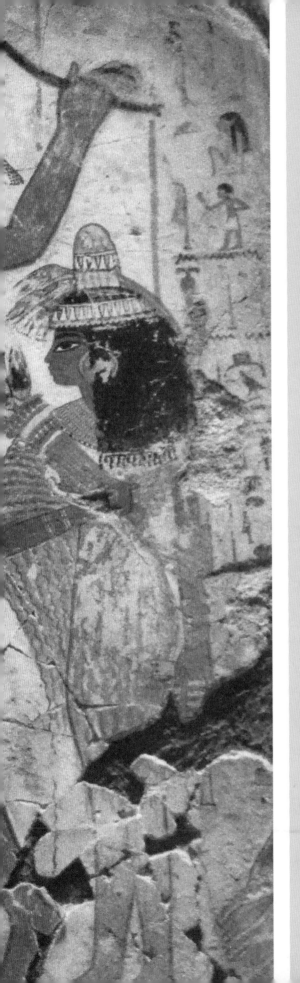

第九章

石头里的人类史

早期人类史同后期地球发展史相互交织，岁月流转，时光永恒，远古历史行色匆匆，普通的计时方法和记录已经无法跟上它们的脚步。于是，人类生存的痕迹和他们脚下的土地一样，被封存在了岩层里。

一、石器时代

100多万年后的今天，人类早期的足迹渐行渐远，如同地平线一样被笼罩在迷雾中。好在也有些幸存下来的印记，被写成一部辉煌史，讲述着人类在一群低等生物中安居乐业的故事；那也是一部奋斗史，讲述了比猿猴稍微高级一点的人类努力在变化万千的世界中求得一片生存空间的故事。早期人类史同后期地球发展史相互交织，岁月流转，时光永恒，远古历史行色匆匆，普通的计时方法和记录已经无法跟上它们的脚步。于是，人类生存的痕迹和他们脚下的土地一样，被封存在了岩层里。

⬇ 元谋人铜像

人类祖先的遗骨脆弱易碎，但他们留下的工具和武器却十分结实，历经千年风霜、万年磨损依然保存完好。更新世时期，北半球中纬度冰川活动频繁，人兽四散，被迫离开一贯赖以生存的土地，逃往世界各个角落。原始人的骨头遗存下来的并不多，但地质沉积物的碎屑中却发现了不少原始人工制品，默默地叙述着人类在这个危机四伏的世界初战告捷的精彩故事。

最早期的人工制品实际上是制作粗糙的打制石器。石器的发现引发了学术界的舌战。一些人兴奋不已，坚信确有原始石器一事。但是科学研究忌讳热情泛滥，因为过于狂热的人往往倾向于寻找自己想要的结果，而不管他所追求的是否子虚乌有。大自然突发奇想，对一切有关世界的起源讳莫如深。研究原始石器的另一症结在于，原始石器的制作过于粗糙，很多时候甚至不能确定到底是经人工打制还是自然形成的。

⊕ 燧石由于坚硬，破碎后能产生锋利的断口，所以为石器时代的原始人所青睐，绝大部分石器都是用燧石打击制造成的

不管相信石器存在的信念多强，都不得不承认，有些石器仅仅是河水冲击或自然界其他力量作用的结果，人类只是稍微修整了自然工作坊的作品，这种修整微乎其微，几乎看不出人类加工的痕迹。因此，现代权威专家马士林·蒲勒确信有关原始石器的理论不成立。另外一些业界大佬却坚决支持这一理论。他们认为，虽然加工痕迹不明显，但石器上明显留有人类早期手工的痕迹，符合当时的手工制作特点，这些足以将真正的原始石器同普通石头区分开来。哪怕是门外汉也能观察出，石器虽然做工粗糙，却与人类的手形十分吻合，且有一边比较锋利，便于切削物体。自第一件原始石器出土以来，人类便开始疯狂挖掘，一路追溯到人类历史上最早的原始时代。皇天不负有心人，他们发现了不少石头样本。其中一些无疑只是个美丽的谎言，还有些可能是货真价实的文物，标志着人类手工制品时代的开端。尽管科学前进的步伐沉重而缓慢，但很显然，原始石器已经逐渐得到承认。

⊕ "维伦多夫的维纳斯"。高约10厘米，约雕刻于公元前3万年的旧石器时代

如果这一切不是循序渐进的结果，那么，原始石器引起的轰动一定不亚于达尔文的进化论。虽然并不是所有原始石器都源于上一个新世时期，但那

↑ 新石器时期的生活风貌

个时代的石器，至少比一般估计的原始人类产生的时间古老一倍。它们陪伴人类走过50万年的风风雨雨，相当于旧石器时代、新石器时代、铜器时代和铁器时代时间的总和。

原始石器呈现的是人类社会止步不前的那段岁月，根本不存在今天我们所讲的进步这码事。在50万年的岁月里，新石器时代的人们认为，生活既然可以简简单单地过，何苦费神去发明创造复杂的事物？因此当时工具制作几乎处于停滞状态。人类最初使用的工具仅仅是石制砍砸器和手斧，这也是在早期生活中两件他们认为派得上大用场的工具。他们于自然界中发现了天然形成的燧石碎片，并用它来制作工具。砍砸器坏了，他们就再找一块；手斧锋刃钝了，他们就重新磨一次；工具拿着不顺手了，他们就随便修整修整，换个样式。那时，人类的需求本来就不多，然而发明创造的速度竟还赶不上需求的节奏。石器时代后期，人们需要石器，就即兴打制，用途也简单，这便是那时的手工艺发展状况。生活在石器时代的人们显然对完善工具丝毫不感兴趣。他们的后代还有一些人推崇祖先对机械漠不关心的态度。不可否认，石器时代固然有落后之处，却不存在任何失业、股市崩溃或儿童挨饿的现象。

↑ 欧洲青铜时代的头盔

二、人的欲望和发展

人类的特质就在于他有追求的欲望，丧失了这种欲望，人类也就不成其为人类了。石器时代晚期，人类学会了制作工具用作特殊用途。毋庸置疑，旧石器文明也随之形成。这一时期，人类心智萌芽，想象力迸发，各式需求也逐渐催生，燧石工具及武器应运而生。人类的创造步伐加快，除了沿用原始石器时代的石头工具外，还采用刮削、钻孔及压削的加工方式制作燧石工具。

英国发现了旧石器时代早期向中期过渡阶段建成的作坊遗址，作坊里四处堆满了各种燧石工具和岩石碎片，看起来像是

🔻 燧石矛头。由于燧石的高硬度特性，其在原始的石器时代就已经被制造成武器

自从修整后就再也无人问津。这些工具标志着人类的技能发展迎来了第一个高潮。虽然是这样，但是世界如此险恶，人类扮演着弱者的角色，生活艺术方面仍不够专业。面对强劲敌手，人类单凭大自然赐予的工具和武器不断与之搏斗，虽寡不敌众，却为自己赢得了时间，去改进工具和武器。剑齿虎力大无穷，迅猛灵活，跟它比，人类毫无胜算，因而常常遭受它的攻击，死伤无数。为了防御攻击，人类练就了高超的狩猎技能，发现了火种，或许还发展了简单的语言。旧石器时代早期结束之时，人类的足迹已遍布世界各地，为未来的发展奠定了基础。

🔼 剑齿虎

旧石器时代中期出现了大的变更。北极冰川大起大落，三次吞没北半球上半部分陆地，又三次将它吐出来。冰川注定要成为人类心头的梦魇。之后不久，尼安德特人开始活跃在西欧一带。尼安德特人敬畏生命、举行葬礼，但仍不能摆脱野蛮的痕迹。他们两腿又粗又短，走起路来佝偻着背，跟猿猴一般。脑壳体积不小，大脑发育却不健全，额头上眉骨交接，牙齿前突，下巴后倾，杀气逼人。同祖先不同的是，他们不生活在野外，而是选择洞穴做藏身之处，以避开攻击。现代不少地方都发现了他们的遗迹，还有一些燧石工具和武器，那是他们身怀技能的物证。

前一段文明标志着人类工艺技术史上第一个巅峰时期，尼安德特人则标志着人类历史上第一个倒退时期。通观整个旧石器时代早期，人类手工技能特点明显，虽然发展缓慢，但一定是前进的趋势。只是人类历史并不总是朝着完美的进程发展，

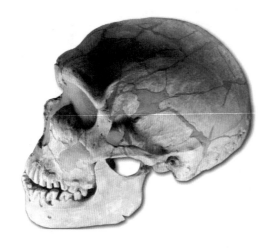
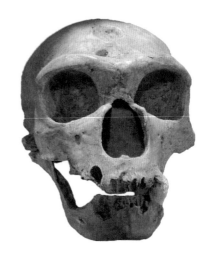

尼安德特人时期手工技术的明显衰退就充分验证了这一点。

或许，人类聚居山洞不仅导致其生理上的退化，还抑制了工艺技术及发明创造前进的步伐。尼安德特人使用石器的方式有些与众不同。之前的人种敲掉燧石的突起，将岩石主体打制成劈刀；有的也将岩石碎片制成一些小的工具，但劈刀的主导地位仍不可撼动。而尼安德特人几乎从不使用劈刀，只是偶尔用岩石碎片制作小工具。就这样，劈刀渐渐淡出人类的生活，倒不是因为劈刀本身不好用，而是因为人类选中了更为简单的工具。

第三个间冰期期间，气候温暖，尼安德特人发展迅猛。第四次冰期和末次冰期，尼安德特人却衰退没落了。气候环境恶劣、优越人种出现，都预示着早期穴居人种注定要踏上终结之路。尼安德特人讲述的是一个以石头为工具的原始时代。尼安德特人的消失，标志着人类历史一个篇章的完结，这个篇章里，全然不见人类社会进步的迹象。令人欣慰的是，在旧石器时代结束之时，人类社会迎来了智慧遍地开花的景象。

进化之一大弊端就在于新的神秘物种会崛起。生命的历史长河中，不时有新物种从天而降。历史上类似事件多如牛毛，如拓普西（Topsy）这种"刚刚进化不久"的物种，人们既摸不清他们的祖先为何方神圣，也无法寻找出其起源之地。西欧克罗马农人的出现与之如出一辙。或许有一天，人类深入了解了亚洲和非洲的岩石史之后，便可揭开克罗马农人起源的神秘面纱。那时他们早就被西欧人所接受，不过凭着最初出现的面貌，他们定会被贴上来历不明的移民的标签。

⬆ 克罗马农人壁画上的狩猎图。远在距今3万年前，欧洲大陆上就出现了一种寿命不长（平均寿命不超过40岁）且智慧较高的早期人类，叫克罗马农人，属于晚期智人

克罗马农人取代尼安德特人的同时，尼安德特文化也在历史舞台上谢幕，这次人种的变更对历史进程而言意义深远。两大人种相比，尼安德特人比原始人还原始；而克罗马农人，无论是身体素质还是智力发育，都优于最文明的原始人。克罗马农人首次抵达欧洲时，正值末期冰川时期，那时斯堪的纳维亚、英格兰和荷兰的部分地区还被深深掩埋在冰川之下。因此，他们主要集中在气候宜人的地中海地区。对他们来说，将冰川时期的幸存者驱逐出去简直不费吹灰之力，这一步无形中加快了可怜的尼安德特人灭亡的进程。克罗马农人是最早的现代人，3万多年前，自他们出现，人类史几乎就再没间断过。

19世纪中期，在比利牛斯山附近的奥瑞纳，一名工人于村庄附近的山坡上发现了一个兔子洞。他突然兴致大发，沿着洞口继续挖，挖着挖着发现竟有个洞穴，洞口被岩石碎屑堵得严严实实的，这些碎石大多是从山上滚落下来的。他一直挖到洞内，那里阴

⬆ 克罗马农人。一位老者的头骨

森森的，死人的骸骨遍地都是，靠着一块石灰岩石板遮盖而与世隔绝。当时奥瑞纳市长怎么也没想到这些骨骼竟是无价之宝，是可以解开未解之谜的历史文物。果不其然，这位市长秉承众多同胞一贯愚蠢的作风，下令将那些骸骨——不少于17架，男的女的，老的少的——通通按照基督教葬礼埋葬在了教区公墓。

8年后，人类学家拉尔泰风尘仆仆地赶过去，可惜遗骨早已腐烂，根本无从辨认，他能做的就只有默默缅怀了。要知道这些人出现的地质年代、所属人种及社会文化，恐怕只能靠科学推测了。不过山洞前的平地上有一些雕刻过的动物骨头，还有不少燧石工具，这里头可大有文章，它们向世界呈现了工具制造者的故事，那是手工技能和艺术成就比史前任何人种都优越的一群人。后来，其他地方又相继出土了一些由克罗马农人制造的工具和类似的手工艺品。不枉科学工作者勤勤恳恳、辛辛苦苦地研究了许多年，如今总算是小有成就。他们对克罗马农人的了解甚至超过一些至今仍然存在的神秘部落。

克罗马农人沿袭了祖先习惯穴居生活的特色。那个时期，猛犸牙和驯鹿角比较常见，但手工技艺仍以打制石器为主。旧石器文化中，劈刀和刮刀盛行的时代已退出历史舞台，取而代之的是狭长的石叶制成的雕刻器。这种燧石雕刻器体积不大，表面平整，一头刀刃锋利，用以雕刻骨头、象牙和岩石，是典型的旧石器时代晚期文化的体现，一如上一个时期劈刀的盛行。上帝至少曾赐予了人类创造动机及创造才

⬇ 猛犸。又名长毛象，是一种适应寒冷气候的动物。曾经是世界上最大的象

能，雕刻器就是第一个物证。随着雕刻器地位的巩固，人类的思想境界提升到一个新的高度，终于抹去劣等动物的烙印。

❶ 穴居时期的亚伯拉罕地区有许多伟大的哺乳动物，如猛犸、长角犀牛和狮子等

克罗马农人还发明了一种新的工具。他们的审美观飞速提升，雕塑、雕刻和壁画技术突飞猛进，人类学家的探索发现已经充分证实了这一点。他们将燧石碎片打制成各式各样的工具，用它们制作各种各样的工艺品及装饰品，其创造力在工艺品和工具制作上发挥得淋漓尽致。也有些燧石碎片被制成比较简单却十分精细的工具，如针眼奇小无比的骨针。不论是装饰品还是工具，都是创作灵感和一丝不苟的态度融合的结晶，是对人类巧夺天工的最好见证。

冰期结束之际，克罗马农人神秘现身；旧石器时代晚期，克罗马农人又离奇消失。聪明能干的克罗马农人从欧洲销声匿迹，也带走了属于那个时代的艺术及手工艺的辉煌。继第一次手工艺停滞倒退以来，人类史上第二次手工艺高潮再一次被摧残得体无完肤，这就是自然残酷无情的运作模式。旧石器时代，人类的实际需求同精神发展相得益彰。未来的世界，尽管手工技艺及艺术仍能东山再起，但石器的光辉注定成为历史，再没有什么可以将两者结合得如此完美。

三、中石器时代

旧石器时代和新石器时代之间的空白被另一段文化填补，我们称之为中石器时代。石器在人类历史上有着举足轻重的地位。大约 1.2 万年前，西欧真正意义上跨入新石器文化时代，石器工业仍在继续。事实上，新石器时代常常被称为"新的石器时代"。这个名称过度强调新石器时代与过去的文化关联，而忽视了那些可以预知未来的因素。

新石器时代，石器工业有所衰退，但奇怪的是，石器工具的改革却发生在这一时期。旧石器时代，人类打制工具和武器，后来也打磨工具用作特殊用途。新石器时代很好地传承了旧石器时代的技术。因此，要分辨旧石器时代晚期和新石器时代初期的燧石工具可不是件容易的事。虽然打制石器贯穿整个新石器文化始终，但真正能代表这个时期工业的，不是削凿制成的工具，而是打磨而成的石器。

随着时间的推移，欧洲各种文化元素相互融合，各国家之间的发展水平不相上下。新石器时代，最为人所知的是斯堪的纳维亚的历史，它因拥有大量新石器时代早期的贝冢和废墟而闻名，那里堆满贝壳、骨头和人类手工艺品。其中，石器是

⬇ 新石器时代的磨制斧头。由打制石器到磨制石器是新、旧石器时代的区别之一

这个时期显著的标志，此外，还包括一些做工粗糙的陶瓷，也有些骨头、鹿角和动物牙齿制作的工艺装饰品。

新石器时代中期，最具代表性的工具要数磨光的手斧了，它盛行于各大国家。新石器时代晚期，石器工具数量庞大、种类丰富、工艺精良，如长短斧子、凿子、锯子，还有锤子。一个现代丹麦人还特意修建了一间木屋来展示新石器时代各式各样的工具。除了燧石工具外，还有不少燧石武器，如矛头、石刀和手斧等，甚至有人坚称，一些溃烂的尸骨也属于新石器时代。遗迹中最令人惊叹的要数石墓了，也就是通常所说的史前墓石牌坊。这些墓穴由巨大的岩石砌于地面，通常包括一个或多个独立的房间。有些石墓中，石块间的缝隙由黏土填补，也有整个墓穴都被隐藏的情况。这些墓碑充分诠释并维护了逝者的尊严，历史上无出其右。

新石器时代，石器制作工艺中引进了一些新的方法及设备，

史前墓石牌坊。见于英国爱尔兰地区，也叫巨人桌

不过这还不是人类进步最伟大的功臣。那时克罗马农人被取代，他们的生活方式也被摈弃。新出现的人种舍弃了传统的狩猎生活方式，开始自然农耕，种植粮食作物，驯化野生动物。他们发明了纺织技术，如编织、纺丝、织布刺绣、织网及编织篮子等。新石器时代，居住在瑞士的农民对亚麻及羊绒如数家珍，但对棉花、丝绸及大麻却闻所未闻。新石器时代，制陶工艺兴起，医术开始蓬勃发展。车轮的发明带来了陆上交通工具的革命，独木舟开辟了人类的航海史。当时极为隆重的葬礼风俗，表示了对死者的敬意，也正体现了人类内心最原始的情感。最为甚者，冶金术的发明促进了铜及青铜在工业中的应用。至此，旧的石器文化接近尾声。

四、史前工业

虽然金属功能多样、用途广泛，但仍然无法满足人类所有的需求。金属的发现催生了金属文化，金属文化带来的需求远远超出金属本身。其中，有些是石器可以弥补的，因而在旧石器时代完全退出历史舞台之前，新的石器文化正徐徐拉开帷幕。

在以狩猎为生的那个时代，人们不断迁徙辗转于各个洞穴，风餐露宿，居无定所，只为寻找合适的狩猎场所。不过他们狩猎时只需要简单的武器和工具。燧石质地坚硬，强度较大，储量丰富，分布广泛，满足史前工业各种需求绰绰有余。人们开

🔻 狩猎是人类的本能。图中为在沼泽中捕猎鸟类的埃及人（作于公元前1350年）

始农耕的同时，结束了游牧生活，住所越建越精致，生活设施越来越丰富。铜铁坚固结实，制作起来简单方便，取代燧石作为武器和工具势在必行。但是，一方面，铜铁储量不大，满足不了大宗需求；另一方面，它们不适用于修建房子、宫殿、庙宇、坟墓和道路。于是人类开始煞费苦心地寻找新的金属，还没等大多数金属现世，出身平凡的岩石和矿物就在人们的生活中找到了立足之地，超越了自身在石器时代的地位。

新石器时代，修建坟墓的习俗开始盛行，从此这项传统便延续下来。文明于固体地球中衍生，还不忘给自己披上一件件华丽的外衣。人们世世代代用岩石修筑房子，各地区都如此。秘鲁印加人开创了这一先河。他们从采石场开采岩石，有些重100多吨，还要将它们运到很远的地方进行榫接，修筑房屋。他们技巧娴熟，修建的房屋高大宏伟。后来欧洲落成一批石筑教堂，富丽堂皇，人类的视觉审美品位之高由此可见一斑。如今，各种各样常见的岩石和矿物已经深入人类生活的方方面面。在构成现代文明的资源中，生产成本低、分布范围广的为数不多，它就是一例。

这样的岩石包括花岗岩。花岗岩由地下岩浆凝固而成，经地壳抬升及侵蚀作用暴露于地表，相当丰富。花岗岩质地坚硬，不溶于水，色泽漂亮，晶莹剔透，因而被大量用于修建房屋、纪念碑，用来铺路，做镶边石或路基。还有些类似的火成岩也被捣碎，用作铺路石，或制作混凝土。

古海槽里坚固的沉积岩也是人类文明的一分子。如石灰岩被广泛应用于建筑行业，而冶金过程中将它用作熔剂的范围更广。事实上，当时机器时代业已成形，石灰岩作为"接生婆"功不可没。在制糖工业和玻璃制造方面石灰岩也有用武之地。农业方面，它是整治酸性土壤的一剂良药。此外，它还是制作灰泥的主要石灰来源和鞣制皮革的主要原料，甚至在化学工厂中也到处都能看到它的身影。石灰岩需求量太大，产量几乎同铁矿石平分秋色。

沙子和砂岩也不甘落后，找到了跻身工业的门路。灰泥、混凝土、铸铁模具、玻璃及磨具制造都需要用到疏松砂岩。用砂岩建成的房子十分耐用，现存的古老褐色砂岩房子就是佐证。黏土和页岩固结性强，常用来制作砖块、污水管道、瓷砖、筑路材料和陶器。板岩在屋顶修建及电工设备

方面发挥着自身价值。大理石则主要用于修建房屋、纪念碑或制作装饰石。

⬆ 阿塔卡马沙漠是南美洲西海岸中部的沙漠地区，在安第斯山脉和太平洋之间南北绵延约1000公里，总面积约为18.13万平方公里，主体位于智利境内

　　总而言之，人类存在的痕迹越深，深入人类生活方方面面的物质就越多样。除了十分常见的岩石和不可或缺的燃料及金属矿物外，土壤中还有些物质含量较少，但在现代工业中也有着举足轻重的地位。

　　如矿物肥料就是农民的好朋友，什么都得靠它。据统计，生产1吨（1吨 = 1000千克）小麦，需要从土壤中获取氮21千克、磷酸8千克及碳酸钾5千克。土地耕作时间越长，越有必要补充这些肥料，除非农民不指望土地可以再生产。

　　阿塔卡马沙漠十年都未必会下一滴雨。历年来，地下几十千米深处含氮的钙质岩层都平安躲过了雨水的侵蚀。没有人清楚土壤中丰富的氮元素从何而来，大概是从邻近的火山岩带吸收而来吧。在命运的嘲弄之下，这片荒芜之地的氢产物渐渐使之成为一片盛产的沃土。每年这些土地为作物提供众多养料，间接为全世界提供食物。直到后来发现了从空气中提取氮元素的方法，人类才不再那么依赖于天然的硝酸盐。

🔺 硫黄。外观为淡
黄色，脆性结晶或
粉末，有特殊臭味

秘鲁沿海岛屿群鸟聚集，数量多达百万，粪便常年堆积，且富含磷元素，对农业起着至关重要的作用。有些地方磷元素从鸟粪堆中分离，渗入石灰岩。还有些地方，石灰岩形成时就有大量磷酸盐被锁在岩石中。世界上大部分这类矿产资源都掌控在英国、法国和美国手中。

德国掌握的是碳酸钾资源，战争后期这一情况才得以证实，令那些种植马铃薯、棉花、烟草和柑橘类水果的农民们倍感失望。

硫黄矿在农业和工业方面的地位也稳步上升。1904 年前，人们相当依赖储量丰富、规模较大的西西里岛矿床。之后，赫尔曼·弗拉斯博士发挥天才般的想象力，使美国跃升成为世界上最大的硫黄生产国。由于美国得克萨斯州和路易斯安那州的硫矿床位于 200—260 米的地底深处，弗拉斯因此摈弃传统的开采方法，借助热水和压缩空气将硫抽至地表。这种方法简单巧妙，同复杂的矿物开采技术形成鲜明的反差。

为满足自身日益膨胀的各种需求，人类深度挖掘大量其他

非金属矿物：利用石膏制膏药，用石墨制坩埚、润滑油、"铅"笔及许多其他物品；将重晶石制成绘画颜料，或用硼砂制硼酸，石棉制绝缘和防火器材，抑或将云母应用于各类电气设备中等。

🔺 在意大利发现的一个火山口处的硫黄

五、幕后英雄：石盐

在这么多发明中，有一样必须受到特殊关注，这才公平。没有人提出过要用它命名一个时代，但它对人类生活的重要性却是铜铁所不能企及的。这种矿物储量极大，开采又相当方便，但无论哪个时代，人们对它的需求都占主导地位。在非洲一些偏远地区，这种物质十分匮乏，人们比珍惜自己的命还要珍惜它。事实上，在动植物维持生命所需的无机物中，除了水和空气外，最重要的非它莫属。它不起眼，但功能强大；它造价不高，但十分珍贵，它就是矿物界的幕后英雄——石盐。

➡ 石盐。也叫岩盐，化学成分为氯化钠，单晶体呈立方体，在立方体晶面上常有阶梯状凹陷，集合体常呈粒状或块状

萨瓦群岛上的沙洲。
沙洲是河床、湖滨、
海滨或浅海中，由
泥沙堆积露出水面
的沙滩总称

① 不含杂质的石盐
呈透明状

长期以来，地球的耗损都被海洋——收入囊中。陆地流失的物质中，不可溶解的物质层层聚积，遍布海床的每一个角落；可溶解的物质则渗入每一滴海水。海水中约有 3.5% 的固体溶解物质，其中石盐含量约占 78%。有人曾估计，海水中所有盐分聚集起来可以覆盖整个地球，大约相当于一张 34 米厚的地毯。

频繁的地壳运动使得陆地向海水敞开了大门，时常遭遇海侵。像哈得孙湾这类浅海水域，几次三番淹没陆地，我们已经记不清海底第一次隆升露出地面是何时的事了。这种内陆海无论何时何地都同外海隔绝，经太阳炙烤都会蒸发、干涸。它们"死后的灵魂"都会化作盐床。这样形成的岩盐矿床大都夹杂着不少来自遥远地质时期的沙石、泥土和石灰岩。还有一些即将干涸的沙漠湖泊和沙漠海洋的湖床或海床上也会形成矿床。

这样的矿床一般高 100 米左右，要沉淀出这么厚的矿床，需要蒸发几百上千米深的海水。但是有确凿证据显示，矿床所

⬆ 这块含有杂质的
石盐呈现出黄色

在地曾经不可能是如此之深的海洋。早在 1877 年，奥克西努斯提出沙洲假说，试图解释这一谜团。他认为，成盐地区是沙漠中相对较浅的海湾，隔着沙洲同大海相望。海湾内海水不断蒸发，主要盐类物质如石膏和石盐开始沉淀。海浪在间断处越过沙坝，潮汐在狭窄的开口处涌入，一次次补给浅湾中的海水，最终便积累了一层厚厚的盐类沉积物。若海湾中的海水完全蒸发，则会形成一层薄薄的钾镁盐。

这一理论很好地解释了德国斯塔斯弗矿床一类巨厚盐层形成及各盐类物质按溶解度大小依次排列的原因，但它不能解释与杂盐矿床无关的纯岩盐沉淀的原因。波兰的维利奇卡建在地下，奇特的是，该城市的街道、教堂、饭店和火车站，还有个舞厅通通是由纯粹的盐雕刻而成。这样一座城市本身就非同一般，再加上拥有如此多的无杂质盐，就更加不可思议了。

如果奥克西努斯的猜想是对的，即这样的矿床果真是在咸水盆地上形成的，那么现在沉淀下来的就不只有盐矿了，还有无数因闯入这片危险地带而丧命的动物的化石。在某些海岸边的风积丘上鱼儿尸横遍野，吸引了大量的海鸥，这些海鸥"只靠眼睛就能填饱肚子，甚至都不屑将鱼翻个面"。

布兰森提出，在咸水水域和远海之间，要是存在其他咸水水域，那么第一片水域中的化石及石灰质会慢慢沉淀，浓度与最初的海水浓度相当。海水继续补给，第二片水域浓度受到影响，当37%的海水都蒸发时，石膏就可能沉淀。同样，到了第三片水域，海水蒸发达到一定程度（93%）时就沉淀出了石盐。第三片水域中，海水不断补给又不断蒸发，就有可能形成厚厚的不含化石的纯岩盐矿，纯度可与维利奇卡盐矿相媲美。

说起纯度，很多古老的盐矿都比不上波兰的盐矿纯净，因此，要解释古老盐矿的成因也相对容易。关于它们的起源，至今仍众说纷纭。许多海岸沿线形成了一个个水塘，海水浓度相对较高。这些水塘不断遭受着海水侵蚀，泥土、石膏和石盐分层沉淀。还有些地方，远海的臂膀伸得太远，完全同大海主干分离。加利福尼亚南部的因皮里尔河谷同加利福尼亚湾就被科罗拉多三角洲切断。毒辣的太阳炙烤下，海湾中的海水逐渐蒸发殆尽，含化石的沉积物和各盐类沉积物详细记录了这一过程。不少地方海水蒸发形成卤水，闭塞的古海槽内布满沉积物，新形成的沉积物将其覆盖，如此循环。现代的许多油井也都开采到了这种深藏地底的卤水，并从中提炼出了大量粗盐。

一些国家中位于沙漠腹地的湖泊命悬一线，满足了人类对盐的大量需求。不过，人工咸水水域海水蒸发形成的盐更多。还有些像美国路易斯安那州、得克萨斯州和德国的油藏盐丘，虽然石盐利用率不高，但规模庞大，位居世界前列。石盐通常聚集在地底深处，呈柱状。在地壳运动的作用下，这些巨大的盐柱推向地表，压迫上层岩石，上层岩石受力弯曲并向上抬升。这样的盐柱储量如此之丰富，即使全球对盐的需求都增加了，它照样能够供应。

不论人类思想境界进步到何种程度，始终都会依赖石盐或其他形式的盐类矿物，也离不开各种天然物质。是这些物质赋予了人类生命，并为人类维持生命提供所需物质。它们贯穿整个人类发展史。燧石遗存下来，重述了久远年代中人类的探险史。不过，还有那么一种物质与之相似，它勾勒出了燧石之后的故事框架。当它完成自己的使命，所修成果开始崩塌、腐朽，一切艺术及生命都重归尘土时，岩石和矿物却长存于世。如若得幸遇上有心倾听之人，它们将一如既往地讲述人类古老的故事。

岩石贵族

第十章

　　人类对岩石世界的贵族——宝石的态度显露了他们向往美好、喜爱稀有事物、敬畏上帝、惧怕魔鬼和追求特殊权势的态度。它是对人类虚荣心理、忌妒心理和贪婪心理的真实写照。宝石的历史实际上也是反射人类内心的一面镜子。

一、宝石：人心的镜子

⬆ 孔雀石。既是一种天然矿石，也是一种古老玉料

⬆ 内含蚂蚁的波罗的海琥珀。琥珀是数千万年前的树脂被埋藏于地下，经过一定化学反应后形成的一种树脂化石

征服人类赖以生存的地球绝非一蹴而就的事，这部征服史也夹杂着人们发挥聪明才智、充分挖掘矿石特殊用途的故事。从石器时代到机器时代，矿石的用途不断拓宽，标志着人类满足生存所需的能力不断增强。但是，生存并不构成生活的全部。有趣的是，还有一些矿物和岩石映射出的是人类思想及行为奇特的变化轨迹，不一定百分之百吻合，但足以说明问题。人类对岩石世界的贵族——宝石的态度显露了他们向往美好、喜爱稀有事物、敬畏上帝、惧怕魔鬼和追求特殊权势的态度。它是对人类虚荣心理、忌妒心理和贪婪心理的真实写照。宝石的历史实际上也是反射人类内心的一面镜子。

宝石绚丽夺目、坚固耐用且珍贵罕见，集三重优势于一身，自然界中这样的无机物难得一见，因而在众多普通矿石中脱颖而出。一些矿物虽美丽绝伦但不堪一击，难以承受点缀戒指或是装饰项链之重担。还有些容易出现刮痕，或是分子结构内在的解理面易发生断裂。还有一些——典型的像孔雀石、珊瑚和琥珀，虽硬度较低，却依旧深得慧眼识珠者喜爱。黄金和珍珠硬度也不高，但仍因美丽罕见而备受推崇。奇怪的是，论外观，萤石不逊色于蓝宝石，论光泽，玄晶石也不亚于珍珠，但这两者硬度低且储量丰富，因而并不被看好。

一些矿石既漂亮又坚固，但仍未跻身宝石行列，只因为它们太过稀松平常。精致的石榴石或许比二流红宝石漂亮，但没有哪个女人会特别渴望拥有一块石榴石，除非她误把石榴石当作红宝石。蓝绿色绿柱石的颜色宛如大海般美丽，可惜的是，但凡有点地位的人都可以拥有一块上好的海蓝宝石，因而也不显珍贵。黄色和粉色绿柱石也很美丽，却不如绿宝石罕见，正因为这样，绿宝石在每个时代都是宠儿。

使普通矿物变身珍贵宝石的魔法，跟矿物本身被赋予的魔力一样神奇，一切宝石皆从土壤中衍生出来，以普通物质的特殊形式存在。碳元素是煤的基本组成单位，也是动植物体内的主要成分，空气中、海洋中和岩石里随处可见，但纯净的钻石形式的碳，算得上千年奇观。刚玉是硬铝氧化的产物，散布在岩石各处，通常呈棕褐色，不讨人喜，但偶尔也有蓝色宝石形成。若形

➡ 钻石。是经过琢磨的金刚石。金刚石是一种天然矿物，是钻石的原石。其多在地球深处高压、高温条件下形成，是一种由碳元素组成的单质晶体

➡ 紫水晶。成分是二氧化硅，天然产出的紫水晶因含铁、锰等矿物质而呈现漂亮的紫色

成的是红色宝石，即传说中的鸽血红，那就更稀罕了，一克拉少说也值 5000 美元。

至于矿物为什么必须稀有才能被称作宝石，这是个谜，即使没有斯芬克司之谜❶ 那么难以破解，也相差无几了。论美丽，宝石比其亲缘矿石略胜一筹，它美就美在色泽。有些颜色由矿

---

❶ 斯芬克司之谜：斯芬克司是希腊神话中一个长着狮子躯干、女人头面的有翼怪兽，坐在悬崖上，向过路人出一个谜语：什么东西早晨用四条腿走路，中午用两条腿走路，晚上用三条腿走路？如果路人猜错，就会被害死。俄狄浦斯猜中了谜底是人，斯芬克司因羞惭跳崖而死。

物固有的化学成分决定。许多含大量金属的矿石就是如此，它们颜色稳定，持久不变。如果颜色足够漂亮，像碳酸盐岩中的铜一样——孔雀石和蓝铜矿——那它就能成功进军宝石界。

⬆ 猫眼石。在矿物学中其属于金绿宝石，其色透明至半透明

许多矿石原本无色，杂质混入才生成新的颜色。有些矿石正因为杂质才摇身一变成为美丽耀眼的宝石。如石英石就是无色透明物质，普普通通毫无特色，但如果铁粒子或是氧化锰渗入其中且分布均匀，便会形成紫水晶。有的玛瑙和碧玺中的染色杂质呈带状分布；有的呈树状杂乱分布，如蒙大拿州生产的苔藓玛瑙中的二氧化锰就是这样分布的。

不少宝石的光学特性也能决

⬆ 欧泊石。其在矿物学中属蛋白石，是具有变彩效应的宝石

定或改变其颜色。如猫眼石内细小裂缝遍布，可将透过它的白光分解。同样，类似稳定的光作用若不是发生在宝石内而是肥皂泡表面，形成的就是彩虹。有时候光和矿物结构之间的关系微妙复杂，使得宝石透明有光泽，许多珠宝才有了美丽灿烂的资本。这类宝石往往适合供人欣赏而不是用于科学研究。为什么纯粹的光和地球上普通的物质结合会产生美丽的宝石？为什么有些东西能够激起人欣赏美的能力呢？为什么这两个问题都让人如此费解？这属于形而上学的领域了。

二、珠宝

珠宝备受现代女性青睐，不仅因为它漂亮、稀少、贵重，更重要的是，珠宝通常也象征着女性魅力的性感特质，即使不具备这些品质，也一样令人喜爱。没有人知道人们对宝石的兴趣源自何处。一些人类学家认为是人们对宝石魔力的崇拜。另一些人则觉得，宝石就像小玩意儿可以把动物和婴孩儿逗得开开心心一样，单凭耀眼和美丽就足以夺人眼球，吸引原始人的注意，这种观点似乎更合乎逻辑一些。

早在早期文学出现之前，人类对宝石的兴趣就已经萌生，之后那种渴望便一发不可收拾。几千年前，巴比伦尼亚人就掌握了宝石切割和雕刻技术。宝石在古埃及的法老中享有崇高的地位，渐渐地，几乎所有地区的人都对宝石无比渴望。

不同时代追捧宝石的原因不尽相同，不一定总是追求美丽时尚和满足虚荣心。事实上，过去人们推崇宝石大多是因为宝石同魔法、宗教和医药功效扯上了关系。很早以前，人类就认为宝石具有超自然力量，有伟大的神灵栖息在宝石里，掌控着人类的命运。此外，人们

🔻 古巴比伦王国的士兵

认为不同宝石会散发出不同的吸引人的特质，也是各种美德的化身。人们佩戴宝石的目的各异：有的当辟邪物驱散恶魔；有的作为护身符招来好运；还有的人相信婴儿出生一个月内，一定会遇到一些特殊的危险，他们如果自出生起便佩戴宝石便可化险为夷。

既然所有人都相信可能有奇迹发生，那么要相信宝石具有超能力也不是什么难事。现代人很有福气，他们被赋予了辨别荒唐事物的能力，得以摆脱这种幻想，过去的人大多不得上天如此庇佑。中古时代，几乎无人质疑宝石具有神秘力量。到了文艺复兴时期，人们开始对这种奇怪的现象寻根究底，但也没有开始怀疑它是否合理的迹象。14 世纪，一个宫廷小丑被问到绿宝石的特征是什么时，他竟回答说，戴着绿宝石的人从塔顶落下，绿宝石一定会完好无损。这等回答真算是奇闻趣事，令人啼笑皆非。

抽象概念很难引起人们情感上的共鸣，因而需要用实际事物象征抽象概念。于是，人们赋予了宝石特定的象征意义。波斯古老的传说中，珠宝被视为魔鬼的综合体。

象征和迷信之间只隔着一层影子。美好事物的象征本身就具有积极意义，而邪恶事物的象征本身就是消极的。关于宝石，民间流传着各种传说，它们"被赋

⬆ 欧洲文艺复兴时期人们佩戴的宝石

⬆ 切割后的钻石

⬆ 高硬度的金刚石镶嵌在其他材料中，可以用来切割坚硬器物

⬆ 玛瑙石。其是具有纹带构造的玉髓质玉石，一种胶状矿物，其主要成分为二氧化硅

予"各种力量，但凡人类能想到的都纳入其中。不同的宝石所承载的信念也是基于其自身的特点。譬如钻石硬度大、亮晶晶，且纯净透明。因此，钻石佩戴者也会具备相应的美德：身强体壮、刚毅果敢、胆识过人。红宝石如熊熊燃烧的烈火般可以驱散佩戴者心中的恶魔，使其远离不幸。

现今关于宝石的迷信五花八门，很难说现代人就比古人聪明几分。现代人向非洲售卖玛瑙用以驱邪，好躲避邪眼攻击。这种现象令人好奇，却也着实令人不敢恭维。就连一些高度文明的人也轻易不敢打破自己头脑中的迷信思想，如害怕猫眼石，认为它是不祥之兆的大有人在。不过奇怪的是，猫眼曾经因汇聚所有宝石颜色而被视为融合了所有美德，是大吉大利的好兆头。

三、宝石的特异功能

　　人们对宝石的迷恋一直延续至今，不过迷恋的本质不同以往。相恋的人曾经一度认为，通过佩戴绿宝石能够透过表面行为看出心上人内心真正的想法。现在，绿宝石受人喜爱，大多因为它漂亮、稀少、昂贵，而且玛莉公主当年也选择了绿宝石作为订婚戒指。

　　人类的许多需求并不总能完全得到满足，如人类对宝石的渴望同实际情况并不协调。在迷信思想决定宝石价值的那个年代，人造宝石要受到赏识几乎是不可能的事。如今，衡量宝石

◎ 天然红宝石晶体

⬆ 黄宝石。在矿物学上称为黄玉或黄晶，其化学成分是含氟和水的铝硅酸盐

价值的关键是看它美不美观，因而人造宝石不仅为人们所接受，而且大受欢迎。比起天然宝石，人造宝石供货量大，价格也便宜很多。货真价实的宝石对现代一般女性来说可望而不可即，除非腰缠万贯，否则首选当为高端的人造宝石。况且，乍一看，宝石真假难辨，鱼目混珠的概率极高。一些人即使拥有价值连城的天然宝石，也会束之高阁，转而佩戴人造复制品。

在宝石仿制品中，价值最低的要数由特殊玻璃仿制而成的，也就是通常所说的人造玻璃宝石。只要将石英石、红丹、碳酸钾与硼砂混合，外加少量砒霜，一同熔化后倒入特定形状的模子里，加入一点从金属中提炼出的颜料，想要什么颜色，就可以将石头染成什么颜色，一颗透明、密实、闪亮的高仿宝石就出炉了。不过高质量的人造玻璃宝石的切割过程也很精细，与天然宝石的加工过程无异。

比起天然矿物，人造玻璃宝石硬度更低，破裂后断面弯曲，两者光学性质也有差异，人造玻璃宝石看起来没有钻石闪亮。此外，人造玻璃宝石导热性更差，摸起来不会有清凉之感。真假宝石的表面性质也是不同的，因而非技术层面最快的检验方法是往宝石上滴一滴水。水若铺散开来便是玻璃，若聚成水珠则是真品。一些人以"跳楼价"买到了粗制滥造的宝石，若是能通过这些简单的测试辨别真伪，他们便更加窃喜不已了。

　　还有一类宝石更加贵重，由两颗不同的宝石接合而成，虽然质量不及原来，但价值却高出很多——垫层钻石。这种宝石通常由小片钻石接合而成，设计巧妙，但可能过不了光学检测这一关，有时只需将它们浸泡在三氯甲烷或酒精中就可加以辨别，因为那类液体能够分解结合剂，将接合的两块宝石分离开来。

　　假的垫层钻石只含一片真宝石，另一片可以是一块玻璃，

◐ 黑钻石。是一种天然多晶金刚石，其自然颜色是黑色或暗灰色，它比其他钻石有更多孔隙，因其数量稀少而显得尤为珍贵

也可以是同一色系的劣质宝石。有时红宝石之下可能是分文不值的大块铅质玻璃，不过由于表面大部分是真品，因而仍可通过一般测试。这样的宝石只要朝它哈一口气，连接处的痕迹便会显露出来，上层通常是石英石或其他硬度较大、价格低廉的无色矿物，下层通常是玻璃，两者缝隙间常常注入一股有色玻璃液体或者有色锡箔液体。许多绿宝石看起来是绿色，是因为浅色绿柱石或石英石中间嵌入了一层绿色铅质玻璃。还有很多石头本身颜色太浅，难以达到宝石的标准，但若牢牢地和绿箔固定在一起，便可"点石成金"。宝石和欺诈往往相伴而生。过去人们很容易上当受骗，现在虽多了些质疑，但造假技术天衣无缝，想要跳出陷阱绝非易事。

市场上有些人工着色的石头色彩不够漂亮，难以吸引顾客。不少玛瑙含多种不同的颜色，通常不美观。将玛瑙浸入蜂蜜或食糖溶液中，多孔层便会吸收一些糖分，再在酸性溶液中泡个澡，糖分便会变焦，含糖部分变黑，与其他地方的色彩对比鲜明，视觉美感便增强。玛瑙浸泡在其他溶液中能变成各种鲜艳的颜色。事实上，几乎所有玛瑙的色彩都不是天然形成的，很多绿松石和猫眼石也是如此。

整个宝石市场中，黄宝石属于拖后腿的。黄晶通常呈黄色，经过适当加热可变成粉宝石。有些黄钻石经镭辐射可以变成白色，但效果并不持久。酒精可以让一个人现出原形，也可以溶解染料，让宝石显露本色。

相比之下，人们更喜欢实验室里化学合成的宝石。19世纪末，由天然宝石颗粒熔化制成的"再造宝石"在一些国家卖得大红大紫。其中有些混合物大小一致，颜色均匀，只是极易破碎，让人提心吊胆。

人工宝石几近完美，无论是成分、比重、硬度、颜色，还是其他特点都同天然宝石一致。两者在细微方面存在些许差别。如人造宝石结构层次明显，颜色分布可能不够均匀，或是含有气泡和裂纹等，通常天然宝石绝少出现气泡或裂纹。人工宝石在模仿天然宝石光学性质方面也不够到位，不过这些仅仅是工艺方面的细微差异。真正大的差别只有一个——价钱。

尽管人造宝石做工精良，但始终替代不了人类的天然宝石情结。价格相当的前提下，没有人会选择人造宝石。即使主观情愫不那么重要，人们还是会围着天然宝石转悠。我们虽然长期处在大肆宣扬两者"一样好"的生活环境中，却十分清楚事实并非如此。仿制品不管多么完美、多么接近天然宝石，始终都是仿制品。

因而，人类仍不遗余力地从地下挖掘天然宝石。

第十一章

时间的馈赠

如果人类对金属的认识仅仅停留在原生金属阶段，那么超越石头文化永远都只是个梦。不论局部地区发现多少这样的原生金属，都不足以撑起金属时代的整片天空。只有掌握了从矿石中提取矿物，学会将它们熔化、铸造、制作成合金，对它的形状、威力操控自如的时候，人类才够格宣布征服了矿物世界，取得了重大胜利。

一、铜的文明

维纳斯从湛蓝的海水中悠然浮现，自她踏上塞浦路斯的海岸起，心里就惦记着要寻觅一面镜子。可爱美丽、魅力四射的她游走于凡人聚集的土地上，十分渴望找到海之镜。终于，她获得了一片金属，它光滑如水，将维纳斯的美丽容颜尽显无遗，人面、镜面交相辉映。于是，铜在这个岛屿上被发掘，也因这座岛屿而得名，铜终于找到了自己的用武之地，走进了人类世界。像维纳斯一样，透过铜镜，现代人也可以看见铜镜中的自己。透过铜镜，还可以看到一幅人类极力呈现艺术、展现工艺的画面。

传说中不存在所谓的时间界限。对于维纳斯获得铜镜的时间，人们不确定；对于将铜镜送给维纳斯的人何时发现了这种紫红色矿物，人们也不敢肯定。一些权威人士声称，人类使用的第一块铜可能是纯天然的，没有同其他化学物质掺杂在一起的迹象，毫无加工痕迹。他们认为天然铜闪闪发亮，极易吸引新石器时代人们的注意而被发掘。

发现新事物往往从好奇心开始酝酿。我们不难想象，

⊕ 铜矿石

第一块天然铜的发现者是如何刨根问底摸清它的情景。或许他尝试过折断它，经过多番试验才明白，无论怎样捶打、敲击都无法使它断裂，但它却可以像黏性液体一样流淌。很可能就在这时，他灵光一闪，突然意识到铜比燧石更适合用来制作武器。比起削凿燧石，它更容易定形，效率更高，制作出的武器更加锋利。

自然母亲向来不会为自己的孩子铺平前进的道路。她将金属乔装打扮，隐藏得极好，人类生活了将近 100 万年后才发现了它们的存在。如果人类对金属的认识仅仅停留在原生金属阶段，那么超越石头文化永远都只是个梦。不论局部地区发现多少这样的原生金属，都不足以撑起金属时代的整片天空。只有掌握了从矿石中提取矿物，学会将它们熔化、铸造、制作成合金，对它的形状、威力操控自如的时候，人类才够格宣布征服了矿物世界，取得了重大胜利。

如果把需求比作创造之母，那机缘巧合便是创造之父，两者结合才能共同孕育新的发明创造。铜矿石和铁矿石怎么看都与铜铁扯不上关系。但也许就在某天，它们悄悄混进普通岩石，被堆放在古老的炉灶旁，在高温条件下偶然掺入燃烧产生的木炭（还原碳），熔离出了金属。有人不经意间发现，用这种方式提炼出的金属同他们熟知的自然金属十分相似，而且这种液态金属还可以倒入小沙坑，制作出各式各样的工具和武器。这样看来，冶金术说不定就是在某次篝火晚会中产生的，反过来又催生了之后的铜文明、青铜文明及铁文明。

关于这些金属出现的先后顺

⊕ 大小为 4 厘米的天然铜

序，考古学家各执一词，一直争论不休。有的人认为铜极有可能是人类最早利用的自然金属，也是第一种能从矿石中冶炼出来的金属。虽然这一观点已获得普遍认可，但仍有不少人坚称铁的冶炼术可能也出现在早期。况且，铁的储藏量比铜丰富，冶炼程序更简单。

放眼整个世界，大多数地区铜的发现时间及开始用于生产的时间都早于其他金属。铁出现后，只是铜和青铜（铜的主要合成金属）的替补。铜的分布局限性较大，一些地区铜资源匮乏，很多部落为满足铜的需求只好长途跋涉，甚至不得不同其他部落血战到底。虽然这样，铜的冶炼术的发明依然宣告了人类完全依赖于石器工具的时代临近尾声。在铜文明传播的过程中，一方面，新的文化渐渐形成；另一方面，战争的祸根暗暗滋长。

二、岩浆边缘

　　大自然从不大肆挥霍它的资源，许多年才肯产出少量矿物。到了收获的季节，农民知道来年地里一定还能收获其他作物；而从矿藏中开采矿石时，采掘的人却十分清楚要收获矿物，必须以牺牲矿藏为代价。能开采到的矿石都是宝贵的资源，不是取之不尽、用之不竭的，但人类却曾多次挑战开采极限。

　　矿物的形成方式不尽相同。高温熔融的岩浆从地下带来了大量的金属物质，当它们上升到地表后，便形成了矿床，这也是大多数金属矿床的成因。在岩浆慢慢冷凝固结的过程中，有些岩浆灌入母岩裂隙中，形成脉状矿体，但大多数矿物会在压

◑ 位于新墨西哥州
的铜矿床

力的作用下，以气态或液态的形式进入围岩构造中去。当外界环境发生变化时，如温度降低、气体挥发，或者与外来溶液、围岩等发生反应，又或者压力减小时，矿物便从母体溶液中释放出来，聚集成矿。

世界上许多大矿的矿体都集中在岩浆侵入体的边缘，它们充满了大大小小的孔隙和裂缝，这些孔隙有的是岩浆侵入之前就已经存在的，有的则是由岩浆的含矿溶液侵蚀围岩而成的。有些矿体在沉淀之前要经历一段稍远的旅程，矿液沿着大的断裂迁移流动，最后形成充填其中的矿脉，像扁豆一样。这样的脉体含矿丰富，具有开采的价值。但也有一些脉体，矿物元素的含量并未达到工业开采的要求，它们还需要经过化学或物理风化使元素进一步富集后才能加以利用。

按照万有引力定律，矿物密度较大，本应老老实实地留在地核或地核周围。但一些金属不照章办事，偏不遵守这一定律，而是跑到地表附近，这样一来，倒为发展先进的工业文明提供了先决条件。无论在何地，人们若一味追求工业发展，而对工业带来的可怕的灾难、冲突和代价视而不见，都会引起地表发生极大动静，而金属只是其中的一个诱因。

🔽 雕刻有古罗马生活的象牙盒子

金属在人们生活中的发展是一个循序渐进的过程。人类开始时采用铜制作工具和用具，继而用更加耐用的青铜（即铜和锡的合金）取而代之，最后青铜又被更加耐用的铁所取代。这是人类最成功的征服史。同为古代文明的埃及、巴基斯坦、美索不达米亚、希腊和罗马的工业发展却不可与中国的工业发展相提并论，主要原因是这些地区金属资源稀缺。它们与现代文明相比，优越之处在于哲学、文学、艺术等方面。然而，近些年，随着这些文明的冶金术逐渐发展，矿物开采、加工制造、交通运输、商业贸易等一系列工业相关词汇流行开来，人类步入机器盛行的时代。自罗马帝国衰败后，人类便无暇顾及思想境界和内心世界的提升，开始将焦点放在不大令人愉悦的金属制品这类庞然大物之上，这就是所谓的机器文明。

现今，不少古代未能发现的金属的地位得到显著上升，但铜和铁仍是生活中不可或缺的金属，地位极高。曾几何时，铜一直是厨具制造材料中的主将。青铜时代相对短暂，临近结束之时，铁成为制作工具和武器的主要材料，至此，铁成功取代了铜和最主要的铜合金的地位。直到 19 世纪中期，铜东山再起，再度建立起它在人类心中的地位。人类发明了电之后，电力和轻工业成为现代生活的中坚力量，而所有导体中铜的造价最低，离开了铜，电报、电话和汽车都将不复存在。屋顶铺盖、水管设施和货币制造中也需要大量使用金属铜，此外，铜合金——主要包括黄铜和青铜——也有上千种用途。

过去，开发利用铜的过程是人类征服物质世界奋斗不止的历程，充满了感人至深的故事，偶尔也夹杂着人类利欲熏心的篇章。19 世纪初，英国垄断了铜矿开采，到了 1850 年，垄断局面被打破，铜矿开采权交还到智利人手中。智利的开采业因此风光了 30 年，并独占鳌头，其铜矿的实际储量在世界排名第一。虽然如此，真正激动人心的铜矿开采风云史却属于美国。

美国所有大块金属矿体云集于阿巴拉契亚山脉地带。康涅狄格州早在 1702 年就开始了铜矿开采之旅。后来，殖民化程度加深，西进运动进一步推进，道格拉斯·霍顿博士在邻市密歇根发现了巨大的原生铜矿，并以自己的名字为它命名。这个地区的岩层主要由大量的熔岩流和厚厚的火山灰组成，顺着原先的谷地一直延伸到基维诺与苏必利尔湖交界处。纯铜充满了熔岩中的气孔，并胶结火山灰和火山砾。

1841 年霍顿初到密歇根时，发现了废弃已久的矿山，而且还留有石质工具开采过的痕迹，但那些矿工早已不知去向。1845 年，这位新的矿主火力全开，加大开采力度，一举将美国打造成全球最大的铜矿生产国。早期，

岩脉中有大量大块矿体，质量多在 100 吨以上。卡柳梅特的一块铜矿重达 500 吨，40 名工人花了整整一年时间才完成开采工作。之后，这片地区再也没有出现如此大的铜矿，但铜的开采依旧硕果累累，足以供应全球所消耗的铜总量的十分之一。

火车尚未驶入密西西比河西岸的世界时，勘探家就已嗅到黄金的气味，并纷纷深入偏远的西部地区。蒙大拿的比尤特是较早发现黄金的地区之一，当时淘金管理还极为混乱。不久，淘金热降温，又掀起了一股开采银的热潮，但生存下来的采矿公司寥寥无几，马库斯·戴利的公司便是其中一员。马库斯·戴利不仅热衷于开采铜，还对银矿十分感兴趣。1880 年，他买下蕴藏丰富的金银矿，可谓壮举，那天也因此具有重大的历史意义。后来这三座矿成为世界上三大富铜矿。

1881 年，铁路进驻西部地区，见证了阿纳康达银矿开采公司的起步。采矿工作继续进行着，中途却意外发现大量富含铜的矿脉，戴利毅然决然舍弃银矿开采。1883 年，他一鼓作气，兴建了一座冶炼厂重新开始铜矿开采作业。从那时起到退休前，戴利日进斗金、腰缠万贯。这片地区不仅是美国最大的金属矿业中心，也发展成了世界上最大的矿业大本营。

比尤特矿产形成时期，正是恐龙统治世界的末期，当时大股炽热的花岗岩岩浆从地球内部喷涌而出，在表层冰冷的固体中杀出一条血路，冷却后，含大量矿物的溶液也随之往上喷涌，充斥了花岗岩中的每一条裂隙，留下众多铜、锌、银、铅及其

⬆ 淘金热。是美国西进运动的产物，对美国 18—19 世纪的经济发展、农业扩张、交通革命和工商业发展等具有重要的意义

他金属的化合物。上升的过程
中，它们自身会发生变化，同
时大量改造围岩，使之成矿。
之后，雨水下渗，上部矿脉中
的含铜矿物溶入水中，随水一
起下渗，到达地下 100 米左右
的深度，铜再次聚集，从而形
成含铜量高的辉铜矿。

● 辉铜矿石。辉铜
矿大部分是原生硫
化物氧化分解后再
经还原作用而形成
的次生矿物，含铜
成分高，是最重要
的炼铜矿石

　　今天的比尤特，地表钻
孔延绵数千米，地下岩石千疮百孔。在开采的各类矿物中，铜
价值数百亿英镑。还有不计其数的灰色收入。离阿纳康达公司
40 公里远的地方有座冶炼厂，看起来又大又笨重，日日大口吞
食水、石灰岩、煤、焦炭和矿石，消耗量之大，让人难以置信。
为防止排出的有毒物质聚集，冶炼厂的烟囱高出地面 300 多米，
但是，烟囱再高都是徒劳。这片矿地如同一片战场，纪念着人
类利欲熏心的历史。正是这种贪念和欲望将人类同动物王国的
其他生物区别开来。

　　到了 20 世纪 70 年代末 80 年代初，美国亚利桑那州、犹他
州、内华达州相继开发铜矿，与密歇根州和蒙大拿州互争高低。
再后来，阿拉斯加州也开采到富矿矿脉。最后，亚利桑那州发
现了大量铜矿，虽然铜品位较低，但储量丰富，再加上冶炼技
术提高了，自然从众多竞争对手中脱颖而出，由此亚利桑那州
跃身成为世界主要的铜矿生产地。

三、铁的时代

　　尽管铜在人类生活中有着举足轻重的地位，但赋予工业以生命的是铁。公元前1000年，所有处于发展状态的国家都意识到了铁的重要性，纷纷开始探索增强铁的硬度及耐久性的方法。铁大量分布于地壳表层的岩石中，被广泛应用于各行各业，奠定了现代文明发展的基础。如果铁不能加工成各种形状，或者它原有的优点和磁性突然消失不见，人类将措手不及，世界也将陷入一片混乱。

　　人类普遍认识到铁是制作武器、工具及用具的最佳选择，便开始将其广泛应用于生活中，但直到19世纪，铁器遍地开花的景象才真正呈现。19世纪30年代，随着铁路的出现，铁迎来了属于自己的春天。到了19世纪中叶，酸性转炉和平炉工艺逐步完善，至此，钢铁的舞台正式拉开帷幕，上演了一出现代机械的戏剧。

　　但是，在舞台的背景布置工作早已启动多年之后，人类才出来掌管大局。随着地质学的发展出现微弱的曙光，各地区不断发现以各种形式存在的新的铁矿。铁可以说是世界上储量最丰富的化学物质。铁元素主要分布于地核，人类活动

🔽 菱铁矿。是一种分布比较广泛的矿物，其成分是碳酸铁。当菱铁矿中的杂质不多时，其可以作为铁矿石来提炼铁

所能涉足的地方只有一层薄薄的岩层，厚度约占地壳的 5%，那里铁分散在 200 多种矿物之中。这些矿物中只有四种称得上是重要的工业炼铁原料。一些稀有的高价值铁矿床是由高温高压岩浆从地下深处向上运移的过程中分离出的结晶形成的。另一些位于岩浆侵入体边缘的矿床显然是岩浆后期的产物。而规模巨大的层状矿床，都是远古时期矿物随海洋沉积物一起沉淀而形成的。

苏必利尔矿便是一例。苏必利尔湖南、西、北三面附近的岸上，山丘环绕，蜿蜒前行，由于都是沉积产生的岩石，所以比较松散，受流水侵蚀，极易崩塌或破碎，那里的矿体多位于地下深处约 762 米的地方。而梅萨比附近地面平坦，几乎没有沟壑或裂隙。在那露天的矿床之上，只有一层薄薄的冰碛覆盖。梅萨比的矿井井口越张越大，美国一半以上的矿产都在这里。

这样的矿床可能已有数十亿年的历史了，因为它们周围的岩石可以跻身于科学家已知的最古老的岩石之列。它们重现了地球内心动荡不安的那段岁月。在幽深的地下，岩浆湖想要挣脱周围岩石的束缚，不停地向它们发起冲击。富含铁和硅的高温气体不断从岩浆湖中散发出来，向上方岩层潜移。当这些携带着矿物的气体穿越厚厚的大地探出地表时，迎接它们的是广阔的海洋，所有的矿物都沉淀在了海底。此后的漫长岁月又发生了一系列的演变，沉积不断增厚，海底变成陆地，随后陆地又遭受水流的侵蚀，最终岩石中的硅被滤掉了，只剩下铁留在原地，经过富集，巨大的铁矿就此产生。此后任凭岁月流逝，时代变迁，这些矿床依旧，既未增长也未消损。

铁这种重要的金属，尽管每个国家都拥有，但还是成了人类鲜血满地的诱因。洛林地区是欧洲最重要的铁矿开采地，也是冲突不断的是非之地。1871 年，在普法战争结束之际，人类尚不了解矿床的本质，但俾斯麦颇有先见之明，他将洛林地区的边界向西扩展，把一些暴露在地表的矿体囊括进版图。法国当时希望得到另一面边境的土地，于是欣然同意。

随着时间的流逝，人类对世界的认识日渐增长。他们发现，所谓的云煌岩矿石和苏必利尔湖地区的矿石十分相似，都存在于陆表海的沉积物中。

苏必利尔湖。位于美国东北部

不同的是，云煌岩没有经过水的溶解淋滤，铁未能浓缩富集，因此铁含量减少了 20%—30%。不过，由于云煌岩矿石中含有充足的石灰岩作为必备的熔剂、位置距离炼钢所需的煤炭不远、炼出的钢在附近就有较好的市场。基于以上三大原因，这些矿石仍具有很高的价值。但有一个问题依然存在，矿石中磷元素含量相对较高，成为降低铁矿品位的主要杂质。直到 1879 年，人们发明了除去矿石中磷元素的方法后，才成功开采和利用这些矿石。

从那时起，这片地区变成了欧洲的一块肥肉，虽然诱人却不易得到。当时德国拥有露出地面的矿层，但它的实际开采范围已经延伸至法国所属领土，德国的把戏很快便被拆穿。于是，清白无辜的矿物因为这件事成了第二次世界大战爆发的深层原因。

四、稀有矿物

　　铁的应用范围越来越广，一些储量较少的矿物的价值也渐渐显现并得到认可。用铁和其他矿物制成合金，能将铁的强度发挥到极致，因此，那些符合条件的矿物一时广受追捧。其中铅和锌的应用范围仅次于铁和铜。这两种矿物往往紧密共生，但两者无论是在化学性质还是应用方面都迥然不同。在古罗马时期，铅用于管道制造及焊接，在现代则大多用于蓄电池和电缆护套制作、油漆生产和房屋建造。而锌在古希腊时期主要用于制造锌和铜的合金黄铜，在现代则多在铁上镀锌以防止铁生锈。

　　从古代到现代，用途变化较大的金属还包括锡。锡和铜能制成珍贵的合金青铜。现在，青铜仍有用武之地，但镀锡铁皮和焊料的需求更大。锡的用途多种多样，广受欢迎。但美国的锡资源总量极少，生产量还不到消耗总量的百分之一。

　　事实上，锡是地壳中极其稀有的元素之一，得到上天厚爱而锡矿资源丰富的国家寥寥无几。英国是其中的一个幸运儿。公元前 1000 年左右，英国康沃尔矿山被腓尼基人发现，从此声名大噪。世界顶级矿工聚首康沃尔海岸，朝花岗岩深处勘测开采。矿井越挖越深，经过百余年的艰苦工作，开采工作终于大获成功，矿工们在无比坚硬的岩石中寻到了锡矿矿脉。地下

🔸 锡矿石。锡是银白色的软金属，熔点只有 232℃，很柔软，用小刀便能切开。其化学性质很稳定，在常温下不易被氧化

⊕ 腓尼基人的石雕

⊕ 铝矿石。铝是银白色轻金属，有延展性，其在潮湿空气中能形成一层防止金属腐蚀的氧化膜

淤泥脏臭污秽，温度极高，就在这样的环境下，他们仍为着祖国工业的强盛坚守在自己的岗位上。

所有含锡矿的地区中，南非的锡矿格外与众不同，它高高地矗立在4876米的玻利维亚安第斯山脉的斜坡上。这里天寒地冻，水常常处于冰封状态，狂风闪电不时来袭，似乎在笑话人类的不自量力。这地方的矿藏位于地底深处，从地下开采出来后由人力背至地表，再由骡子和骆驼运到海港卸下。南非虽然环境严酷，矿藏较粗糙，但矿石蕴藏量却相当丰富，从而弥补了这一缺陷。

平底锅多半都不是铝制的，而盛装食物的金属容器很多都是铝制的，因此，比起做饭用的平底锅来说，发明盛装食物的容器的历程更为曲折。金属铝在地壳组成成分中约占8%，约为铁元素的1.5倍。它是名副其实的储量最丰富的金属，也是地壳表层中含量位居第三的化学元素。但几个世纪以来，它将自己乔装打扮起来，掩藏得极好。直到1885年，人们才找到适用于商业生产的提炼铝的方法。从此，铝的各种功能都被一一挖掘出来，其应用范围相当广泛，可以说将20世纪称为铝器时代都不为过。

每一场戏，都少不了配角的存在，地球演的这出戏也不例外。很多金属储量过少，想要单枪匹马摆脱次要角色几乎不可能。但若联起手来，其作用却不可小觑。比如锑这种元素，由液态遇冷变成固态时，体积会发生膨胀，这就使得它对铸造铅字合金相当重要，因为铅字合金的铸造需要高度精确；又或者像水银，在常温下呈液态，因此在温度计或类似仪器中都能派上用场；再比如说砷的防腐和杀虫效果极佳；铋和镉的过人之处在于可以降低它们的合金的熔点；镁质地轻巧，坚固耐用，功能多样……类似的例子不胜枚举，它们个个身怀绝技，却谦逊低调，默默地推动现代世界发展的车轮滚滚向前。

五、白金：以稀为贵

人类生来桀骜不驯，想象力丰富，一些矿石正是因为稀少才显得弥足珍贵，其他属性倒显得不那么重要了，人们对白金的追捧就说明了这点。白金硬度高、比重大、难溶解且熔点高，其储量同黄金相当。它主要分布在乌拉尔山脉、哥伦比亚和南非等地。侵蚀作用下，白金同母体岩石分离，在河砾石中聚集起来。

由于白金耐热性能极好，很早就引起了化学工业及电气工业极大的兴趣，导致后来供求关系极度失衡，白金价格翻了几番，远超黄金。从此，白金步入珠宝界的潮流前线。虽然不如银漂亮，好些合金也比它更耐用且更廉价，但只要白金价格居高不下，就一定能保住它在宝石界备受推崇的地位。在有些方面，白金的替代品已崭露头角，或许是命中注定，白金最终可能再度被人遗忘，回到最初开始的地方。

就内在价值而言，白银和黄金不比白金高，但前两者一定可以在人类世界中谋得一席之地。把它们看作物质财富的象征，已经是老传统了。虽然并不是世界上所有国家都采用黄金作为价值标准，但继续赋予黄金此等殊荣的人将不在少

⬇ 铂矿石。其俗称为"白金"，是一种银白色贵金属，耐高温

数。退一步说，即使将来黄金不再是交换媒介，它依然漂亮、坚固、稀少，依然拥有资本来满足人类的内心需求和对艺术、珠宝与饰品的追求。

黄金和白银都能满足人类贪婪的欲望，此外，两者还有不少相似之处。黄金和白银一般情况下是形影不离的，它们所在的矿脉和岩脉都是因溶液从深处移到浅处的地表岩层而形成的。白银储量虽是黄金的十倍之多，但仍谈不上丰富，两者都是稀世珍宝。

银极易同其他化学物质结合而形成化合物，银元素存在于 40 多种矿物中。黄金则与之不同，它向来是独来独往的化学单质，主要以自然金属的形式存在。世界上生产出的银大多是铅矿、铜矿和锌矿中提取出的副产品；而超过五分之一的黄金取自河砾石的沉积物。

很早以前，人类的血液里就流淌着对黄金的喜爱之情。一些考古学家认为，黄金才是最早进入人类视线的金属。它光泽鲜亮，常常以自然金属结晶的状态存在，因而更容易吸引人们的眼球。虽然铜资源十分丰富，但它不轻易显露自己，因而黄金的发现时间应该早于铜。另外，银倾向于和不太活跃的元素结合，掩藏自己的光泽，因而其不为人知的历史一定不短。

对黄金的强烈渴望同人类精神结合产生了化学反应，驱使了一拨又一拨的人去探索世界各个角落；历经种种磨难，既传播了一段段可歌可泣的英雄故事，也不乏人类残忍无情的暴行。人们始终无法抵抗《马可波罗行纪》带来的诱惑，过去是，现

↑金矿。金的单质
（游离态形式）通称
黄金，是一种广受
欢迎的贵金属。在
很多世纪以来一直
都被用作货币、保
值物及珠宝

在仍是。哥伦布听说了，于是大胆挑战西边的海洋（大西洋）。大批人马紧随其后，像被黄金施了魔法一样，他们开始大肆残杀墨西哥和秘鲁土著人，摧毁他们的精神和灵魂。不论是发现美洲大陆，还是随之而来的殖民地开拓过程，可以说黄金在其中起到了推波助澜的作用。

前往美国的淘金者们几百年都无缘成功。19世纪早期，北卡罗来纳州和佐治亚州发现了少许黄金的踪影。他们突破最后的边疆防线，终于跌跌撞撞地踏上了富矿脉的土地。1848年1月19日，在内华达山脉西面斜坡上靠近彩虹的尽头处，约翰·马歇尔发现了第一桶金。那时，他正在美利坚河的南支流地区修建锯木厂，突然看到水沟里发出闪闪金光，耀眼的光芒足以吸引整个世界的眼球。

春天的花朵还没来得及铺满山脉间的山麓时，发现黄金的消息不胫而走，第一批矿工早已闻风而来。墨西哥、秘鲁和智利的土地上，矿山在露天开采后形成大坑，两年之内容积不断变大，吸引了世界各地无数的人。农民把犁地工具扔了，牧民将羊群弃了，商人也对店铺撒手不管了，来自马萨诸塞州、澳大利亚、伦敦等世界各地的人通通备好"钱袋子"，火急火燎地冲向里约热内卢和加利福尼亚，随时准备大捞一笔。草原的大篷车里，航船的号角声中，瘟疫蔓延的巴拿马森林里，到处都是人，个个如着了魔一般，无不盼着一夜暴富。这些人一旦开始做起黄金梦，便很难清醒过来。一些人寻找的足迹连成功的边都没搭上，另一些人一只脚已经跨过成功的门槛，却偏在节骨眼儿上因劳累过度而命丧黄泉。

还有一些人挺过来了，人们对他们的故事津津乐道。金色的砾石中淘出了数不尽的财富，多到足以建立一个王国，但弱者却没能得到自己应有的份额。淘出的黄金一旦进入口袋，花起来就如流水一样。淘金者白日里从矿石中寻找黄金，晚上就去逍遥快活，钱财一夜之间挥霍殆尽。镇上普普通通的木匠在这场较量中大获成功，赢的金子比一般矿工的家当还多。

1849 年 8 月，人们在石英脉中发现了金砂矿，呈带状分布，这就是赫赫有名的母矿。很快，不可避免的事发生了，金砂矿被一扫而空，之后人们才冷静下来，放慢挖掘矿脉的节奏，开采活动得以持续至今。

随着黄金价格的上涨，母矿如从梦中惊醒一般，重新恢复活力，隐隐约约闪烁着往日的光辉。那里采矿者沉重的脚步声再一次响起，削凿打磨的嘎吱声和玻璃叮叮当当的响声重新回荡起来，废弃多年的营地苏醒过来。1849 年那些熟悉的脸孔返回到营地。白面书生、昔日的商人和出没山林、胡子拉碴的老人怀揣着同样的希望结伴前行。

内华达山脉西面山坡生产出的黄金价值百万美元，不过这样的地区数量不少。1858 年，在内华达州弗吉尼亚的卡姆斯托克矿发现了银矿和金矿的踪迹。曾经的采矿热再度上演，座座小镇空剩废墟，紧接着，为防止大片荒漠出现，反对挖空矿藏的呼声日益高涨。1876 年，南达科他的布莱克山发现了霍姆斯特克矿，这或许是当时世界上储量最大的金矿。1880 年，在阿拉斯加的朱诺小镇发现了世界上最大的低品位矿脉。1891 年，科罗拉多州的克里普尔克里克得到开发。1896 年克朗代克地区大批淘金者蜂拥而至。

其他地方，历史的车轮碾过的痕迹十分相似。1933 年，南非的威特沃特斯兰德地区生产的金矿占世界总产量的 45%。加拿大安大略省、墨西哥、澳大利亚和印度受上天恩泽，拥有丰富的金矿资源，而墨西哥、加拿大和秘鲁则被赐予了数之不尽的银矿资源。

地球内部金属资源丰富，可以说没有哪片土地被地球遗弃，完全不见金属的踪影；也没有哪片土地拥有现代文明发展所需要的所有金属。即使是像美国这种矿产资源种类多样、储量丰富的国家，也需进口所有镍、钴、铂、锡和大量其他几种居次要地位的金属资源。

如此看来，人类永远不会停止勘探新矿床的脚步。勘探者留下了在历史中所行走路径的标记，为政府运作、工业发展及商务活动奠定了基础。勘探者的足迹遍布全球，从北方的冰冻荒原到热带湿热的丛林，从直入云霄的山峰到万丈深渊的山谷，他们马不停蹄，孜孜不倦。黄金的璀璨点燃了他们想象的翅膀，驱使他们舍弃舒适宜人的环境，踏上背井离乡的征途，但此时稀有的矿物已不是他们唯一的目标。

⊙ 马可·波罗。13世纪意大利的旅行家和商人，17岁沿陆上丝绸之路前往东方，历时4年后于1275年到达元朝大都（今北京）。他在中国游历了17年

六、宾夕法尼亚时期

　　风尽情地吹，大自然忘情地自我牺牲，地球日益损耗。自然资源无比丰富，就这样恣意挥霍了数亿年，也未见枯竭的征兆。但根据热力学第二定律，总有一天，它会消耗殆尽；总有一天，它将拖着疲惫的灵魂飘游至某个港湾，归于永恒的宁静，那将是一切的尽头，是心灵的最终归所。它首次开始在岩石中撰写自传是在前寒武纪，在今天看来，资源枯竭似乎仍然遥遥无期，跟那个影影绰绰的时代并无两样。

　　人类就像艘帆船，漂流在自己疏浚而成的溪流之上，依随自己的心意自由航行。这艘帆船以智慧掌舵，前方越是危机四伏，它越要乘风破浪。人类甚至学会了依自己的喜好控制水流，他们的思想如被赋予了魔力一般，将一部分狂野的洪水收服，让其依据指令为自己办事。人类的力量虽然无声却无比强大，臣服者不仅包括岩石、金属，就连大地女神性格暴躁的子女们也对人类的奇思妙想束手无策，偶尔也得依从。风不再肆意妄为地吹来，水不再漫无目的地流淌，它们被人类钻井抽取，推动人类进步的车轮。动荡的地表之下，一些沉睡中的潜在力量也无条件地对人类意志俯首称臣。

　　地球同其他挥霍败家者一样，喜欢小抠小省，还乐此不疲。它将一些庞然大物偷偷关押到隐秘的地牢中，它们的能量产生的年代甚至比远古的阶下囚还要久远。只有地球自己清楚，将它的子孙后代保护得如此完好是出于什么安排。人类没有大费周折地去探索这个谜团，因为他们了解到一个与自身息息相关的秘密。那便是，这些庞然大物经过百世千代的洗礼后脾气温和，干起活来任劳任怨，知道这点就足以让人类投机取巧了。

　　很久以前，那还是我们所说的宾夕法尼亚时代，历史脱离稳定单调的

轨迹，发生了一次翻天覆地的变化。美国大部分地区几乎降到与海平面持平的高度，山脉筑成壁垒，守卫在东面和南面的边境，抵御海水侵袭。平原起伏，大幅度向北部移动。散布的丘陵最终无力抵抗，渐渐被太平洋吞噬。海水从丘陵的间隔处单刀直入，涌进地势较低的中央大盆地，继而悄悄潜入得克萨斯州和俄克拉何马州的内部，最后攻下北面海拔最高的内布拉斯加州和东面的宾夕法尼亚州。整块大陆接近三分之一的领地沦陷于敌手。

陆地被游荡的浅海海水淹没算不上什么奇闻逸事。地球历史在很大程度上就是不断被淹没、地壳板块不断漂移的过程。宾夕法尼亚和其他广大地区一样，那时正值海侵的最盛时期。和其他大多数地方不太一样的是，在宾夕法尼亚地区，海侵刚发生后不久，河流便侵蚀了两侧高地，裹挟了大量泥沙，源源不断地倾泻到海底。现在，宾夕法尼亚州、西弗吉尼亚州和亚拉巴马州形成了大面积的三角洲，海水被拒之门外。

大陆架每一次惊心动魄的运动都伴随着一场斗争，海水和逐渐扩大的三角洲都试图侵占对方的领地，扩充自己。有时是海水淹没边缘高地的山脚，有时是广阔无垠的沼泽低地大幅度向西延伸。每当海水撤退，沼泽地上留下大片植被，植被整体凌乱，却生长旺盛；每当海侵来袭，植被便成片凋零，被深深地掩埋在海水带来的沉积物之下。

新形成的沼泽和泥塘中腐烂的植被，揭示了宾夕法尼亚时期植被亡灵的世界探险之旅。早已灭绝的植被形成的腐殖质之上覆盖了濒临灭绝的植被，植被残骸之上又新生了一批植被。植被残骸呈褐黑色，被称为泥煤。植物腐烂后，有机物被细菌分解，部分形成二氧化碳、沼气和水而逸散，剩下的主要成分为碳。现代一些低平的沼泽地中，潮湿程度既足以保持草木生长茂盛，又能阻止植物残体被完全分解，因而积累了厚度约达 12 米的泥煤层。

宾夕法尼亚时期一望无垠的沼泽地中，生长着世界上面积最大的森林。由于这片土地处在缓慢下沉的过程中，新生的植被几乎与海水处于同一平面。年复一年，植被生长、灭亡，如此循环往复，形成的泥煤可能有几百米厚。海水入侵时，将泥塘掩埋在海底，泥塘中更多的挥发性气体被挤压出去，泥煤受压收缩成固结的褐色木质煤炭，即通常所说的褐煤。进一步收缩，褐煤中固定碳含量增加，褐煤的颜色变得乌黑发亮。褐煤体积进一步缩小，密度增大，最终变成烟煤。之后，有关构造破裂或地表形成褶皱，烟煤中的气体进一步减少，形成黑色坚硬、有金属光泽的无烟煤，这是一种十分珍贵的物质。再后来，一些无烟煤由于受压过度，煤炭结构被破坏，裂隙中氧气和氢气充分排尽，形成大量石墨，具有阻燃性。哈佛大学纳萨尼尔·谢勒教授的那句经典话语也许不全是玩笑话。他说："请把我埋在罗得岛州。因为那是地球上唯一一片不会着火的土地。"

◐ 石墨。是碳元素的一种同素异形体

自植物掌握了在土地中的永生之道，每个时期都会有煤炭形成。但宾夕法尼亚时期形成高品位煤的能力至今未逢敌手。那里的环境条件把握得恰到好处，还有充足的时间来酝酿出价值更高的煤炭。除了北美地区，英国、法国和德国在宾夕法尼亚时期也都形成了煤炭资源丰富的矿床。古往今来，时间间隔达 3 亿年之久，这些煤矿将远古的太阳能量带到现代世界，引起阵阵不小的骚动。

　　在利用上天恩赐的资源这方面，人类反应迅速，步伐飞快，但他们发现煤炭价值的步履却略显蹒跚。人类祖先只知道它们是绝佳的薪柴，就是到了 17 世纪，仍有法律限制对煤炭的使用，原因是煤炭太脏。直到人类发明了蒸汽机，煤炭才有了属于自己的光环。接着机械文明崛起，煤炭的地位扶摇直上，无论是产量、价值还是需求都仅次于水资源。矿工冒着生命危险出没在毒气充斥的矿井采矿，各国之间也争相夺取煤矿资源。如今，它仍是世界能源的主要来源，但这一地位已经受到威胁。地下的岩石世界诞生了一位强劲敌手，即将动摇煤矿独霸工业的地位。

七、挪亚的方舟——石油的发现

挪亚用沥青修补方舟的时候，一定没有意识到这个小小的举动有着深远的象征意义。他肯定想不到，会有那么一天，世界上成千上万种物品都能用同一类材料修补。他也绝对预料不到石油及各类石油蒸馏物最终会成为世界上最有价值的物质。

其他先驱也因发现了石油的大家族而备受尊敬，但他们也没能预测到未来故事的发展轨迹。几个世纪以来，东方出现了天然气从地下逸出而燃起的永不熄灭的火苗，一些人因此开始虔诚地想象着恐怖的地狱世界。也有一些人像挪亚一样，将它应用于更为实际的方面。巴比伦人将石油用于房屋修建，罗马人用于油灯。埃及人用石油保存纸草文件，使文件得以经受住时间的磨损保存至今。他们将石油当作药品，拯救生者性命，保存死者尸体。阿拉伯人发现埃及的木乃伊是绝好的燃料，石油即是合理的解释。石油，还是现代世界最强大的工业发展基础。

严格意义上来讲，形成石油的生物体同人类的起源截然不同。石油形成的最初时期，还未出现任何文字记录。一些科学家认为，石油中的无机物起源和煤炭十分相似，都是生物遗留下来的产物，大多数人认可这一说法。

石油构成物质的种类不多，但组成结构复杂。它由气体、液体和固体溶解物混合而成。显微镜下，可以清楚地看到石油中含有糖类有机物和乳酸，却观察不到孕育石油生命的那些有机体的迹象。石油这种天然碳氢化合物存在的时间、空间跨度大，化学性质多变，一定有不少生物对其形成做出过贡献。

部分权威人士认为，石油是动物组织在浅海边缘腐烂后演化的产物。加利西亚的石油所在地发现了众多鱼类化石遗迹，因此一些地质学家断定

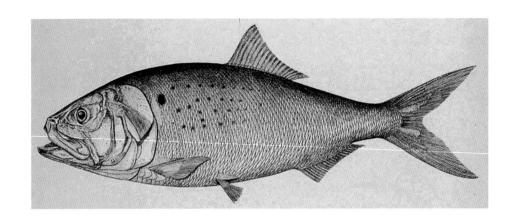

鱼类最有可能为石油的原始有机质。不同地区形成的石油可能是由不同种类的生物演化形成的。在高加索地区，岩石覆盖着无数软体动物的残骸，竟有石油从岩石中流出来。红海各海湾是生物残骸富集地，在那里能观察到现代石油正在形成的过程，水面上不时有油花浮出。

另有一些专家认为海生植物才是石油的主要来源。大量的藻类生物可能沉入海底，在腐烂过程中分解出脂类物质。瑞典和撒丁岛海岸附近众多海藻层层堆积在海岸线上，释放出一种跟石油十分相似的类油物质。美国加利福尼亚州的圣华金河谷中，盐水和油层的交界处富含碘元素，这倒是不同寻常，因为海藻中碘元素的含量通常不会太高。此外，美国西部富油地层中，留下了丰富的海生植物化石的遗迹。

以上例子及大量其他事实说明，天然气、石油和沥青很可能源自动物或植物的残骸，或许两者都有。美国矿物学家克拉克因此简明扼要地总结说，无论什么地方形成了沉积物，附上动植物有机体，再加上被水覆盖，最好是咸水，除去空气，那儿就可能形成沥青。不过要转变成石油，还得有不透水的黏土层的保护才行。海藻、软体动物、甲壳动物、鱼类甚至是微生物都有可能为这一转变贡献所需物质。有时植物是主要物质来源，有时是动物；不同物质来源形成的碳氢化合物的特性可能会有不同，这也是不同油田产出的石油不尽相同的原因。

八、石油之秘

    大多数研究学者都认同这种有机成因论，但关于石油形成过程中，海洋生物残骸中发生的生物及化学的变化过程依旧是个谜，因而引发了一系列争论。一些人认为，石油在鲜活的生物体生长过程中就已形成，而不是在动植物遗体腐烂分解后才形成的。如像硅藻和绿藻这样的简单生命体，每个个体中都能形成一滴石油。这些生物死后，石油被释放出来。如若海水混浊，一些石油会附在沉积物颗粒上，与它们一同沉入海底。就这样，年复一年，沉积物碎片形成岩石层，构成地壳表面最主要的部分。石油就被埋在了厚厚的沉积碎屑堆里，分布在不同岩层之中。

    另一些人认为，石油主要是动植物尸体腐烂分解的产物。好氧菌分解了下沉的水生动植物残骸，形成的自由氧与有机质中的碳和氢发生生物化学反应，一步步生成甲烷或石油。其中有些可能渗入了泥土，有的则没有。随着残骸中挥发性成分的减少，越来越多的脂肪颗粒和蜡类物质集聚，最终被掩埋在泥土之下。好氧菌坚持不懈地重复这一过程，虽然缓慢，但时间一长，大多数动植物遗体都以这种方式转化成了石油。含石油的沉积物形成了坚固的岩石，经历千秋万代，直至今天，食尸盛宴的故事仍在上演。芝加哥大学的巴斯廷教授曾在地下900多米处形成的石油中发现了活菌的身影。

    虽然目前这些学说真假难辨，但明显可以确定的是，过去不同时期，大量液态烃以某种形式聚积了起来，过程简单容易。地下深处的热能及压力，甚至包括地壳运动，都促进了生化物质中的有机废物转化成石油。随着时间的推移，上覆泥土越堆越厚，底部压力增大，分隔在周围的油滴很可能聚合起来，随着周围的水一起运移，不过运移也可能是因为水和油的密度不同。石油密度较小，因而大部分会向上迁移。如若遇上的多孔母体沉积物之上盖着一层致密的岩层，石油便在致密岩层下富集，形成油田。

因此，岩石各层都能发现石油的存在。石油总是在多孔储集层中游移，除非遭到地壳特定构造的阻挡。油层发生聚集的条件多种多样，但岩石向上隆起形成褶皱，即在背斜构造中形成油层是最常见的，背斜构造也是最容易形成油层的构造。如果该构造中存在天然气，气体会上升至背斜顶点，受到不透水层阻拦而聚集起来。这样，天然气下面是厚厚的油层，油层下是水。

几个世纪以来，石油竟是不为人知的秘密。石油在地下安安静静地沉睡着，完全未受外界干扰。虽然一些地方出现过石油渗出的现象，但无人想过地下竟藏着如此珍贵的资源。1595 年，瓦尔特·罗利爵士描述了特立尼达的沥青湖，并指出沥青是调整船舶吃水的绝好材料。但直到 19 世纪，在挖掘石油大家族任何一位成员的作用方面，人类都没能超越前人取得的成绩。美国东部一些盐井开采出的石油却被视为杂质，还有一些当作药物售卖。但总的来说，石油不受欢迎。

到了 1859 年，一些人清楚地意识到，石油很可能成为新生明星，是只潜力股，很可能可以和煤炭中蒸馏提取的油一较高下。因而，那一年，一个联合组织雇用了埃德温·德雷克到佛罗里达州的泰特斯维尔的一个油泉附近钻了一口油井。结果数日未见成功，众人一阵嘲笑。就在德雷克坚持到 21 米深的地方时，石油出现了。人们顿时一改嘲笑的姿态，转而变成狂欢。一时之间，油井遍地开花。就像天空中的彗星一样，石油也放飞了人类的想象力，迸发出绚烂的火花。

短短半个世纪内，石油起先只是激起人们的好奇心，现在却成了地球上最抢手的东西，人们为此争夺不已。作为能源，它的地位已经赶超水资源和煤炭。

但是很快，石油也将不复存在。据大卫·怀特于 1920 年的估计，美国五分之二的石油资源已被耗尽。虽然不知道石油消耗殆尽的那天何时降临，但人们清楚这一天必定近在咫尺。或许人类将在某天找到更好的替代品，但仅仅是可能而已，万一没找到，人类世界将远离嘈杂，人们的生活节奏会放慢，但人们仍将安然无恙地生活下去。

只不过，人类永远不会停止寻找能源的脚步。享受阳光照耀，呼吸新鲜空气，

● 无尾猿猴

这对植物来说已经足够，对这种听天由命的生活，它们感到心满意足。地球上大多数动物也乐于靠吃植物维持生命。唯独人类不这样想。人类和无尾猿猴起源于共同的祖先，但思想却截然不同，独有人类野心勃勃。从人类最初发现岩石生火的方法那一刻起，他们就开始了征服能源的战斗。这是人类区别于宇宙其他事物的一大特征。只要地球上火种不灭，人类生命不止，这种战斗就必将进行到底。

各个国家都需要矿物，但矿物资源分布却不均匀，因而世界范围内兴起了买卖矿产的潮流。但盲目的利己主义不是矿产交易能轻易平息的。在逝去的岁月里，地球宝藏既是一种令人欣喜的恩赐，又是一道发动战争的符咒。也许在将来，诅咒将会消失，带给人们的都是福泽。但是没有人能够妄下定论，因为在人类内心挣扎的过程中，天使般的梦想到底会不会打败猛兽般的欲望，仍是一个谜。

第十二章

有限的自由

无论人类精神在天空中翱翔得多么高远，它始终受到欲望的牵制。人性像支军队一般行进在欲望不断扩大的路上。人类欲望的基础是植被，植被之下是土地，土地之下是变化万千、永不消逝的自然力量。

一、追求自由的人类

大地母亲自私地将孩子们紧紧抱在自己胸前不愿放开，但地球这个家庭大了，自然不乏想要挣脱母亲怀抱的孩子。长期以来，人类一直梦想着追求自由，可以说是屡败屡战之后仍坚持不懈。人类努力取得的成就，奠定了他们主宰世界的地位。他们努力地向前奔跑，一路驰骋、昂首挺胸，却有点得意忘形，时常不记得自己还脚踏这方土地。就如海龟满足地晒着太阳一般，人类沐浴在自负自大的光环下自我陶醉。只是他们都忘了，自己不过是大地母亲的孩子，不巧的是，这位母亲还特别容易忌妒。

其实，大地母亲对所有的事情都心中有数。人类睡着的时候，她可清醒着呢。当人类吹嘘自己取得的胜利时，她完全不以为意，因为人类的探索是有止境的，这是她自己一手安排的，她对这些事再清楚不过了。人类以为自己征服了这个世界，开始招摇过市。而此时，大地母亲早已牢牢地掌控了人类的命运。

人类的生活披着一件衣裳，这件衣裳由土地这架织布机编织而成，沾满了泥土的气息，即使是在深深打上人类烙印的方面也不例

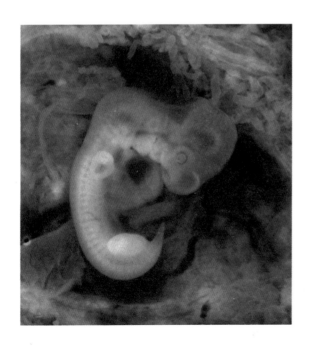

🔅 受精约 5 周的人类胚胎

外。随后人类开始开采岩石和矿物，现代文明逐渐兴盛，但仍不能偏离大地事先设定的轨迹。大地分配资源没有特定规律，随心所欲，这不仅纵容了一些国家滋生贪念，引得各邻国你争我夺、战火纷飞，还导致不同地区的人们产生了不同思想。比如蒙大拿州和密西西比河两地的人们，无论是工作方式，还是思想观念都大相径庭，造成这一现象最主要的原因是自然对一地慷慨解囊，赠予它金属资源，对另一地却一毛不拔。

无论人类精神在天空中翱翔得多么高远，它始终受到人类欲望的牵制。人性像支军队一般行进在欲望不断扩大的路上。人类欲望的基础是植被，植被之下是土地，土地之下是变化万千、永不消逝的自然力量。喷涌而出的火山、匍匐前进的陆侵，都是能碾出土壤的"磨坊"。但各地谷物和磨石各不相同，农业因此而各具特色，人类文明的命运自然也不会一模一样。人类要步入文明，必须首先考虑农业发展。土壤层薄，土地贫瘠，社会就会衰败落后；土壤层厚，土地肥沃，社会才能繁荣昌盛。

亚拉巴马州社会和产业的分层恰如其分地说明了土地能够影响人类的生产生活，这是这一事实的完美写照。滨海沼泽的外边，土地贫瘠，放眼望去，只有一片沙松带。其他地方大多为不毛之地，寸草难生、人烟稀少、土瘠民贫，居民生活仍停留在原始状态。内陆则是一片肥沃的黑土，十分适宜棉花种植。拥有这片土地的白人生活富裕、城市繁华、文化先进。过了这片土地，景象又完全不同：群山绵延、土地荒凉，映入眼帘的只有贫穷、无知和艰辛。

大自然无意之中创造出各式各样的采矿业和农业模式，人类的命运也因此尽显千姿百态。人类的命运同样有高山和平原之分。荷兰人的海洋业遍布全球四大洋，而中国西藏地区的人们却对大海闻所未闻。

历史上，由于海运不发达，海洋一直是阻碍人类相互交流的一道鸿沟，但它同时也鞭策着人类发挥聪明才智越过这道鸿沟。船只的发明一如火种的发现，改变了人类进程的方向，具有深远的意义。航海的出现，解放了人类周游世界的天性，拓展了探险、殖民和商业的延伸范围，还威胁到世界上幽僻之地的大本营。现代航空业的发展，无疑进一步加深了这种威胁。

人类的命运并非一锤定音，而是像海岸线附近的沙粒一般变化万千。

希腊人原本生活在一座土地贫瘠的半岛上，后来像饥饿的蚁群一般迁移到远方的海岸定居下来。在菲律宾，马来人不断入侵，将本土人群驱赶到了蛮荒之地；而在斯堪的纳维亚半岛西部，情况则恰恰相反，入侵者将原住民驱逐到海边，自己则留在内陆，因而形成两种截然不同的居民——居住在海边的挪威人，发色乌黑、身材矮小、脸形偏圆；而深居内陆的瑞典人，则满头金发，身材高大，脸形偏长。

海洋以各种方式对人类生活施加着影响。大自然直接塑造了千姿百态的海岸线，也间接影响了居住在海边的人们。像在日本这样的多山国家，耕作条件十分恶劣，整个国家的重心及主要特色自然转移到海岸线附近。一般来讲，沿海地区的人和内陆地区的人差别很大。人们对海洋的追求及海洋本身，共同影响了沿岸居民的精神世界；而不断混入的外来移民则塑造了他们现在的体形。

海岸线外的土地对人类演化过程施加的影响非常深刻。人类大多生活在陆地上。聚居苏禄群岛上的海上吉卜赛人则常年漂泊在海上，即使是生命的最后一刻也是在海上的漂泊中度过的。航行和捕鱼是他们掌握的全部技艺。这样的生活很难在全球范围内流行开来。即使是他们这种深居海洋的流浪者，偶尔也会来到岸边，将族人的尸首埋在岛上，象征着人类是大地母亲不可分割的一部分。

圣马利亚号。哥伦布航海时期的船只

　　土地在地形上的差异形成了各地居民丰富多彩的生活。例如，高山地区的文明程度同大海中的岛屿相当。高山地区地势较陡，冬天极其寒冷，生活条件相对来讲更为艰苦。如阿富汗生活着一些荒野部落，大多是些未成年的孩子，滋养他们的是崎岖粗犷的荒原。即使是在不那么偏远的山区的居民，虽比平原地区的

1492 年，哥伦布发现新大陆

居民健朗，但文化程度却偏低，思想观念也更保守。所有伟大的文明只有在平坦的地区才会开出灿烂的花朵。现代都市的文化中心，与逝去的祖先的辉煌文化一脉相承，都坐落在地势平坦的平原之上。大自然的恩赐从来不会过于慷慨，至多给人类提供一些让他们能达到更高目标所必需的能量罢了。

　　创造了地球的那股力量同样塑造了人类。人类以为自己获得了自由，自吹自擂，其实不过是对周遭环境的适当调整而已，人类是无法改变环境的。文明深深地植根于地球，即使文明能越过无数道障碍，但落叶总要归根，它最终将回到其发源地——岩层。

二、"被操控"的地球

　　地球对人类的统治是直接的、显性的，在它背后，实际上还有一位更为强大的操控者——宇宙。宇宙世界井然有序，主宰者绝不容许有半点差错发生。地球作为宇宙世界的一员，从一开始就循规蹈矩、照章办事，严格遵守宇宙世界的条条框框。正因为有了这些规律，地球才会质量不变，体积一定，总是沿着自转轴自转，绕着太阳公转，速度不增不减，方向不偏不倚。至于人类，地球转到哪儿，他们就跟去哪儿，因此必须无条件服从地球自身受到的限制。由于地球的体积和质量一定，且存在强大的地心引力，所以人类的身高体形都要与之相适应。地球引力将空气困住，人类的心肺为适应这一现象而存在。地球自转导致昼夜交替，公转引起四季更迭，人类日出而作、日落而息、春耕秋收，无不遵循着这一规律。总之，地球和人类不得不遵守一定的规律，地球受到限制的同时，人类也被束缚住了手脚，两者都是宇宙的"囚奴"。

　　地球和人类穿梭于时空之中，在宇宙的汪洋大海中遨游，虽受到诸多方面的限制，却因此被赋予不一样的特质。宇宙中的一切都显得井井有条，宇宙空间广袤无垠，相对稀松，在这样一个世界里，星体间相互吸引，导致距离过近而干扰对方的概率极其微小。但是，也许就是在这样罕见的大灾难中，地球诞生了。而地球恰恰又选择了一条离太阳1.5亿公里远的旋转轨迹，恰好接收十亿分之二的辐射能，这同样是万中无一的事情。正因为发生了这样的偶然，大气和液态水才得以形成，也顺道引起了岩石层的动荡。地球上大部分地区，温度稳定在冰点和沸点之间。宇宙间有些星球上，表面温度最低可达零下273℃，最高可达5537℃。只有在所有条件都满足的情况下，宇宙间种种奇观中最不同寻常的现象——生命才会出现。

肉体的斗争由来已久，最终在人类美好的愿景中宣告结束。人类同牡蛎一样，希望在这个危机四伏的世界里偏安一隅，但人类渴望安宁的同时又追求特立独行。一旦有一丝迹象表明他渴望的东西与永恒的灵魂相一致，即使不能确定灵魂是否真实存在，他也会坚持到底。不论被称作什么，那种不满足于生物生存需求的特质都能从人类身上体现出来，拿登上月球来说，即使人类不可能成功，这也构成了人类最独有的特征[1]。

在满足欲望的道路上，人类所栖息的世界固有的限制只是他们前进的一部分阻碍。更大的阻碍来自人类自身，也就是人类精神的栖息地——身体。而人类遇到的最大的麻烦源自自然规律和控制生命的力量。要解决问题，必须知道玫瑰、蚯蚓及人类身体中所共有的物质和能量是什么。换句话说，必须了解宇宙间普遍存在的有生命力的物质，这种物质呈啫喱状，生物学家称之为细胞质。虽然人类潜心研究了几十年，可惜的是，细胞质一直是个谜，至今仍未被解开。人类虽然清楚了细胞质的组成成分，且这些组成成分也十分常见，但细胞质的根本特征依旧是生命世界中最难揭开的奥秘。

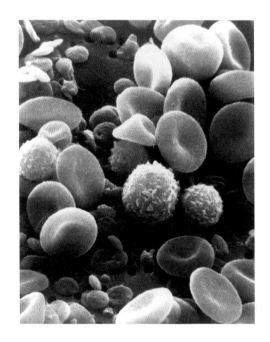

● 人体正常血液循环的电子显微镜图像。图中主要为红细胞和白细胞

即使众多科学家连番上阵都屡遭失败，解不开其中的奥秘，其中最主要的原因是，所有分析研究细胞质的实验都没能见到有活细胞质熬到最后。细胞质过于脆弱，很难满足科学研究的要求。有关细胞质的谜就隐藏在它的背后，想

● 至 2021 年时，人类已成功登上月球。——编者注

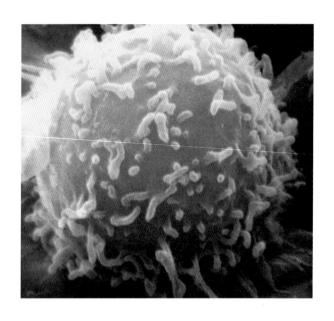

要猜透这些谜，科学家心有余而力不足。科学家研究细胞质，就像人站在山顶观察平原之上的城市结构变化及活动情况。两者的不同之处在于，人可以下山深入城市内部近距离观察，而科学家一旦侵入细胞质内部，细胞质只有死路一条。科学家只有两条路，要么选择雾里看花般模糊地研究，要么选择仔细观察部分"遗体"。但无论怎么选择，科学家对它是什么、如何运作等问题都不会形成清晰的概念。

细胞的结构、活动及细胞与细胞之间、细胞与环境之间的关系错综复杂。20世纪前20年，或许是人类文明发展历史中生物学研究之花开得最灿烂、成果最耀眼的时期。这一时期细胞研究是重心。

比起过去，今天的人类对于生命的理解仅仅往前迈了一小步，对生命起源的解释依然略显牵强。虽然人类知道了生命体中蛋白质的变化过程，可以模拟生命体的活动。但这些只能算是生命母体创造生命的奥秘连带而引起的谜而已，生命活动模拟实验并不能解决人类最关心的问题。当科学开始探寻这些问题时——如生命起源、疾病防控、精神管制、生命演变和生物灭绝等——这些生命之谜便隐藏在母体的迷雾中。话说回来，解决这些基本问题之后，生活在这个世界上的人，无论是个人还是整个人类，做出相应调整、获得更多快乐的道路依然困难重重。

三、未知的前途

太古时期，生命伊始，植物就能利用太阳的辐射能，从空气、土壤和水中吸收养分制造糖分和蛋白质。动物几乎从同一时期开始，就一直通过摄入植物获取类蛋白质或含蛋白质的物质，化学上来讲，这类物质是动物之间最大的区别所在。生物化学家利用天然矿物材料成功复制出几种动植物体内的运作过程、结构和物质。

世界孕育了自然，它资源丰富，对于所有实际需求，都能一一满足。只要地球保持理性、行为友好，我们可以相信，只要是能想到的生物，它都能创造出来，想要多少，它就可以创造多少。科学家在制造活性原生质的过程中遇到了同样难以解

⬇ 细菌和病毒。细菌属于原核生物，无细胞核，是生物的主要类群之一，也是所有生物中数量最多的有机体

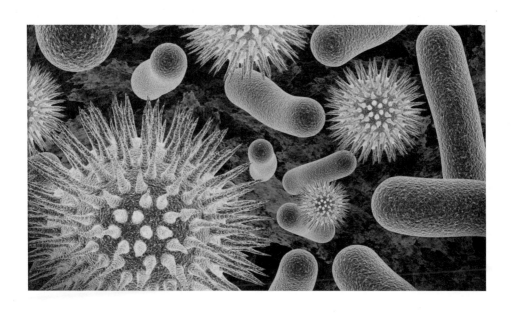

开的谜，利用原生质的梦想无法实现。

在所有科学领域中，医药领域直面身体的基本奥秘。虽然人类无法逃脱死亡的命运，但人类在与疾病斗争的过程中倒是取得了一些成功。甚至可以说，这些成功十分耀眼，几乎让人产生错觉，忽视也曾有过失败的事实。成功主要体现在发现了延迟一些致命疾病病情发展的方法，自然需要时间来修复受损组织，恢复健康。很遗憾的是，失败也不见得比成功少，主要体现在人类对导致疾病突发的原因一无所知。即使是人类能够控制的疾病，其根本的诱因至今也不为人知。

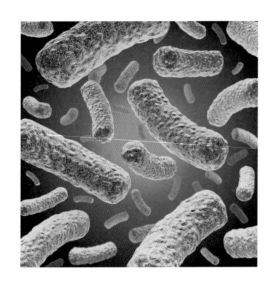

⬆ 显微镜下的大肠杆菌——人和动物肠道中最著名的一种细菌，主要寄生于大肠内。是一种能运动、无芽孢的革兰氏阴性短杆菌

疾病的问题令人感到困惑，但人的思想比它还要复杂难懂。思考、感受和意愿构成了人类最大的特点。人类因为有了思想，即使没有刻意追求，也成了动物王国的首领；若是有心引导，人类通过思想获得的东西将会更多。人类的特质中，思想是最错综复杂且变化多端的，它的表现形式及形式背后的原因实在让人难以理解。人类天性中最难明白的问题要数思想了。若想达到梦寐以求的目标，做一个生活更快乐的人，变成一个更进步的物种，人类必须先解开这团乱麻，理出线索。

思想的奥秘令人敬畏，它引发的问题至今悬而未决。现代心理学家只是在重申这个问题，而没有给出任何结论。人类最先进的测试仪器不仅不能揭开存在多时的谜底，也不能得出任何有关高级形式精神活动的结论。他们指出，将肉体和精神看作生活中两个互不相干的方面是错误的，并帮助揭示了二元论概念，使这一认识根深蒂固。新提出的一元论没有多大的实用价值。尽管西格蒙得·弗洛伊德[1] 提出了自己的理论，人类还得在黑暗中摸索未来、追求理性、回忆过去、感受爱恨、克服恐惧。人类既不知道这些东西身在何处，也不知道它们将前往何方，还得像百万年前人类的祖先一样去追求它们，而不是统领它们。想要登上远方的奥林匹斯山的他们，虽然清楚登山的秘诀就在不远处，却不知道从哪个方向也不知道以什么方式去找寻。

❶ 16 岁的弗洛伊德和他的母亲

疾病控制和脑力反应对人类来说是最急迫的需求。也许有一天，人类能成功掌控这些技术，帮助人类充分发挥潜力，收到最好的成效。但此时，如若人类的潜能和运用潜能的能力没有得到相应的提升，人类还是不能被称为进步的物种。曾经，人类天真地以为经自己努力取得的优势可以传承给子孙后代，期望着一代人的奋斗成果可以延续到下一代。现代科学最打击人的发现恐怕是生物学界根本不存在继承，人的特质再有价值也无法被继承。马克·安东尼曾说，人们所做的善事，都会随着他们的尸骨一齐入土。

整个人类圈子范围广泛，个体差异很大，有的身体羸弱，有的却力大无穷；有的愚不可及，有的却聪明绝顶；有的罪孽深重，有的却是菩萨心肠。环境不同，个体便相异，但没有哪一种人类本性的特质可以单单通过生殖细胞传承下去，因此，人类这个物种尚未留下固定的特征标记。父亲无论多么穷凶极恶，他的孩子都不是注定会有同样的命运，这一点令人欣慰。

❶　西格蒙得·弗洛伊德（Sigmund Freud，1856—1939），奥地利精神病医师、心理学家，精神分析学派创始人，主要著作有《梦的解析》《精神分析引论》等。

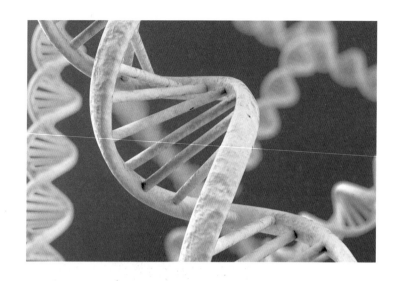

↑ 基因。是生物体携带和传递遗传信息的基本单位，存在于细胞的染色体上，呈线状排列

但同样地，父亲不论多么优秀，从生物学上来讲，孩子也不能继承任何优势，这就令人难以接受了。

孟德尔提出的分离规律和自由组合规律似乎揭示了真正拉动生命进化的车轮，遗憾的是，这一定律背后真正的原因仍未被发现。人类如何自我引导取得进步的秘密就在这小小的遗传物质中，遗传学家称之为基因。但是，对于如何将基因转变成人类想要的特定结果，遗传学家毫无头绪。即使绞尽脑汁，运用所有关于生殖、遗传和进化的知识，人类也无法知道如何才能使人类朝着更好的方向发展。

由此看来，人类追求完美人性的梦想受到诸多限制。人类可以通过接受教育和适应环境来使腺体、神经、肌肉和大脑朝着有利的方向发展，却不敢奢望遗传物质也能如此。人自身发生的变化不能直接帮助到子孙，也无法确保子孙后代能同样获得他们经千辛万苦取得的优势。不管人类多么愤愤不平，对此都得忍气吞声。一些遗传物质中根深蒂固的特质和缺点，也不大可能会遗传给后代，这一点他们也得欣然接受。总之，人类留给子孙的特质参差不齐，有好有坏，他们只能寄希望于子孙后代能够自己摸索出有关生命问题的答案。

一些人认为，即使在未来人类发展仍然掌握在不可捉摸的力量的手中，他们也始终能自己掌握人类社会的发展方向。比如财产继承、文化沿袭和文明传承都与遗传物质毫不相干。这些东西为什么不能朝完美的方向发展呢？

人类之所以还未采取行动，仅仅是因为他们还没有学会从他人的经验中吸取教训。前一段文明灿烂，后一段文明未必同样辉煌，这件事的概率几乎跟成功的父亲有个成功的儿子的概率一样低。其实，事实也可能与人类意愿完全背道而驰，因为社会基因系统庞杂、活力旺盛且变幻莫测，但也可能像生物一样发生变化。继承前一段文明的有利条件的同时，人类也会沿袭其中消极的成分。上层阶级出生率越来越低，种族间不断融合，进化出更为普通的人种，越发缺少特色，就这样，古代的悲剧再次在现代社会重演。

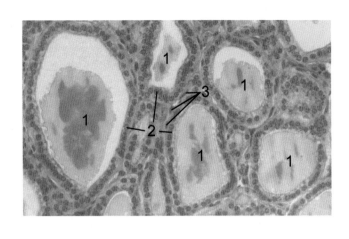

⬆ 一匹马的甲状腺组织切片

　　尘归尘，土归土，这似乎是大自然无可避免的定律。无论人类如何努力，各种形式的死亡依然缠绕着血肉之躯。步入这条光荣之路的生物物种不计其数，上帝给它们安排了一个注定不变的结局。物种灭绝背后的原因，是生命之谜中最难以捉摸的，因为它们往往慢性发作，在长时间潜伏之后才会突然爆发。对于它们的本质，人类毫无概念。

　　人类和文明同是地球的产物。地球变幻莫测，花开花谢，山起山伏，它养育了一代又一代的人。没有人能确定，人类是否会发展成一个更加完美的物种。其实，也无须确认。哪怕走在前面的人类将被不可靠近的旋涡吞没，哪怕地平线另一头的人类将会落入灭绝的深渊，前进的路上依然可以充满欢乐。宇宙世界充满了未解之谜、疯狂的举止和令人战栗的美丽，面对这一切，唯有人类能够依然保持智慧、怀揣梦想，积极乐观地走下去。

图书在版编目（CIP）数据

从起源到今天 ：46亿年的地球小史 ／（美）约翰·
H．布瑞德雷著 ；吴奕俊译．－－ 北京 ：中国妇女出版社，
2022.4
　　ISBN 978-7-5127-2068-8

　　Ⅰ.①从… Ⅱ.①约… ②吴… Ⅲ.①地球演化－普
及读物 Ⅳ.①P311-49

中国版本图书馆CIP数据核字（2021）第256266号

策　　　划：紫云文心
责任编辑：闫丽春
封面设计：尚世视觉
责任印制：李志国

出版发行：中国妇女出版社
地　　址：北京市东城区史家胡同甲24号 邮政编码：100010
电　　话：（010）65133160（发行部） 65133161（邮购）
邮　　箱：zgfncbs@womenbooks.cn
法律顾问：北京市道可特律师事务所
经　　销：各地新华书店
印　　刷：三河市兴达印务有限公司

开　　本：185mm×260mm 1/16
印　　张：21.5
字　　数：320千字
版　　次：2022年4月第1版 2022年4月第1次印刷
定　　价：78.00元

如有印装错误，请与发行部联系